U0270169

大飞机出版工程

总主编　顾诵芬

适航理念与原则

The Concept and Principle of Airworthiness

赵越让 编著

上海交通大学出版社
SHANGHAI JIAO TONG UNIVERSITY PRESS

内 容 提 要

适航是保证民用飞机安全性的重要基础,使适航从业人员理解适航的理念与原则、明确相关责任和义务就显得尤为重要。本书包括适航发展简史、适航组织机构、适航法规文件、型号研制与审定过程、适航取证与管理、适航工程师的职责与工作、持续适航管理、适航工作的核心价值观等内容。

本书可供航空厂所从事民用飞机设计的管理人员和技术人员使用,也可供航空院校民用飞机设计相关专业的教师和学生参考。

图书在版编目(CIP)数据

适航理念与原则/赵越让编著. —上海:上海交通大学出版社,2012(2018.重印)
(大飞机出版工程)
ISBN 978 - 7 - 313 - 08963 - 2

Ⅰ.①适… Ⅱ.①赵… Ⅲ.①飞机—适航性
Ⅳ.①V221

中国版本图书馆 CIP 数据核字(2012)第 199593 号

适航理念与原则

赵越让 编著

上海交通大学 出版社出版发行
(上海市番禺路 951 号 邮政编码 200030)
电话:64071208 出版人:谈 毅
上海盛通时代印刷有限公司印刷 全国新华书店经销
开本:787mm×1092mm 1/16 印张:12 字数:228 千字
2013 年 8 月第 1 版 2018 年 9 月第 2 次印刷
ISBN 978 - 7 - 313 - 08963 - 2/V 定价:98.00 元

大飞机出版工程

丛书编委会

总主编：
顾诵芬（中国航空工业集团公司科技委副主任、两院院士）

副总主编：
金壮龙（中国商用飞机有限责任公司董事长）
马德秀（上海交通大学党委书记、教授）

编　委：（按姓氏笔画排序）
王礼恒（中国航天科技集团公司科技委主任、院士）
王宗光（上海交通大学原党委书记、教授）
刘　洪（上海交通大学航空航天学院教授）
许金泉（上海交通大学船舶海洋与建筑工程学院工程力学系主任、教授）
杨育中（中国航空工业集团公司原副总经理、研究员）
吴光辉（中国商用飞机有限责任公司副总经理、总设计师、研究员）
汪　海（上海交通大学航空航天学院副院长、研究员）
沈元康（中国民用航空局原副局长、研究员）
陈　刚（上海交通大学副校长、教授）
陈迎春（中国商用飞机有限责任公司常务副总设计师、研究员）
林忠钦（上海交通大学常务副校长、院士）
金兴明（上海市经济与信息化委副主任、研究员）
金德琨（中国航空工业集团公司科技委委员、研究员）
崔德刚（中国航空工业集团公司科技委委员、研究员）
敬忠良（上海交通大学航空航天学院常务副院长、教授）
傅　山（上海交通大学航空航天学院研究员）

适航系列编委会

总　序

　　国务院在 2007 年 2 月底批准了大型飞机研制重大科技专项正式立项,得到全国上下各方面的关注。"大型飞机"工程项目作为创新型国家的标志工程重新燃起我们国家和人民共同承载着"航空报国梦"的巨大热情。对于所有从事航空事业的工作者,这是历史赋予的使命和挑战。

　　1903 年 12 月 17 日,美国莱特兄弟制作的世界第一架有动力、可操纵、比重大于空气的载人飞行器试飞成功,标志着人类飞行的梦想变成了现实。飞机作为 20 世纪最重大的科技成果之一,是人类科技创新能力与工业化生产形式相结合的产物,也是现代科学技术的集大成者。军事和民生对飞机的需求促进了飞机迅速而不间断的发展和应用,体现了当代科学技术的最新成果;而航空领域的持续探索和不断创新,为诸多学科的发展和相关技术的突破提供了强劲动力。航空工业已经成为知识密集、技术密集、高附加值、低消耗的产业。

　　从大型飞机工程项目开始论证到确定为《国家中长期科学和技术发展规划纲要》的十六个重大专项之一,直至立项通过,不仅使全国上下重视起我国自主航空事业,而且使我们的人民、政府理解了我国航空事业半个世纪发展的艰辛和成绩。大型飞机重大专项正式立项和启动使我们的民用航空进入新纪元。经过 50 多年的风雨历程,当今中国的航空工业已经步入了科学、理性的发展轨道。大型客机项目其产业链长、辐射面宽、对国家综合实力带动性强,在国民经济发展和科学技术进步中发挥着重要作用,我的航空工业迎来了新的发展机遇。

　　大型飞机的研制承载着中国几代航空人的梦想,在 2016 年造出与波音 B737 和空客 A320 改进型一样先进的"国产大飞机"已经成为每个航空人心中奋斗的目标。然而,大型飞机覆盖了机械、电子、材料、冶金、仪器仪表、化工等几乎所有工业门类,集成了数学、空气动力学、材料学、人机工程学、自动控制学等多种学科,是一个复杂的科技创新系统。为了迎接新形势下理论、技术和工程等方面的严峻挑战,迫切需要引入、借鉴国外的优秀出版物和数据资料,总结、巩固我们的经验和成果,编著一套以"大飞机"为主题的丛书,借以推动服务"大型飞机"作为推动服务整个航空科学的切入点,同时对于促进我国航空事业的发展和加快航空紧缺人才的培养,具有十分重要的现实意义和深远的历史意义。

2008 年 5 月,中国商用飞机有限公司成立之初,上海交通大学出版社就开始酝酿"大飞机出版工程",这是一项非常适合"大飞机"研制工作时宜的事业。新中国第一位飞机设计宗师——徐舜寿同志在领导我们研制中国第一架喷气式歼击教练机——歼教 1 时,亲自撰写了《飞机性能捷算法》,及时编译了第一部《英汉航空工程名词字典》,翻译出版了《飞机构造学》、《飞机强度学》,从理论上保证了我们飞机研制工作。我本人作为航空事业发展 50 年的见证人,欣然接受了上海交通大学出版社的邀请担任该丛书的主编,希望为我国的"大型飞机"研制发展出一份力。出版社同时也邀请了王礼恒院士、金德琨研究员、吴光辉总设计师、陈迎春副总设计师等航空领域专家撰写专著、精选书目,承担翻译、审校等工作,以确保这套"大飞机"丛书具有高品质和重大的社会价值,为我国的大飞机研制以及学科发展提供参考和智力支持。

编著这套丛书,一是总结整理 50 多年来航空科学技术的重要成果及宝贵经验;二是优化航空专业技术教材体系,为飞机设计技术人员培养提供一套系统、全面的教科书,满足人才培养对教材的迫切需求;三是为大飞机研制提供有力的技术保障;四是将许多专家、教授、学者广博的学识见解和丰富的实践经验总结继承下来,旨在从系统性、完整性和实用性角度出发,把丰富的实践经验进一步理论化、科学化,形成具有我国特色的"大飞机"理论与实践相结合的知识体系。

"大飞机"丛书主要涵盖了总体气动、航空发动机、结构强度、航电、制造等专业方向,知识领域覆盖我国国产大飞机的关键技术。图书类别分为译著、专著、教材、工具书等几个模块;其内容既包括领域内专家们最先进的理论方法和技术成果,也包括来自飞机设计第一线的理论和实践成果。如：2009 年出版的荷兰原福克飞机公司总师撰写的 *Aerodynamic Design of Transport Aircraft*（《运输类飞机的空气动力设计》），由美国堪萨斯大学 2008 年出版的 *Aircraft Propulsion*（《飞机推进》）等国外最新科技的结晶；国内《民用飞机总体设计》等总体阐述之作和《涡量动力学》、《民用飞机气动设计》等专业细分的著作；也有《民机设计 1000 问》、《英汉航空双向词典》等工具类图书。

　　该套图书得到国家出版基金资助，体现了国家对"大型飞机项目"以及"大飞机出版工程"这套丛书的高度重视。这套丛书承担着记载与弘扬科技成就、积累和传播科技知识的使命，凝结了国内外航空领域专业人士的智慧和成果，具有较强的系统性、完整性、实用性和技术前瞻性，既可作为实际工作指导用书，亦可作为相关专业人员的学习参考用书。期望这套丛书能够有益于航空领域里人才的培养，有益于航空工业的发展，有益于大飞机的成功研制。同时，希望能为大飞机工程吸引更多的读者来关心航空、支持航空和热爱航空，并投身于中国航空事业做出一点贡献。

2009 年 12 月 15 日

序　一

发展国产大型客机是党中央、国务院在 21 世纪作出的具有重要战略意义的决策。"民机发展,适航先行",是民用航空事业的基本理念。适航是国产大型客机获得商业成功、走向国际市场的法定前提和重要保证。

众所周知,第二次世界大战结束后,世界航空工业的两个超级大国——美国和苏联,分别成功制造了大型飞机波音 707 飞机和图-154 飞机,并投入民用航空运输领域。经过数十年的市场选择,最后的结果值得我们深思。目前,世界大型民机市场几乎完全由美国波音和欧洲空客两大航空巨头垄断,而辉煌一时的苏联民用运输机在市场上所占的份额不足 0.5%。造成这种结果的最重要因素,就是它的飞机安全性没有完全保证;同时,其保障安全性的适航体系也没有完全建立和全面实施。

美国高度重视适航体系的建立和发展。早在 1926 年商务部就成立了航空司,并颁发第 7 号航空通报,对飞行员、航图、导航和适航标准进行管理。1934年,航空司更名为航空局。从 1934 年到 1958 年相继制定并颁发了民用航空规章(CAR)如 CAR04(飞机适航要求)、CAM04(要求和解释材料)、CAR03(小飞机)、CAR06(旋翼机)、CAR04a-1(TSO)、CAR7(运输类旋翼飞机)等。

1958 年,航空局更名为联邦航空局(FAA),被赋予制定和监督实施美国航空规章(FAR)的职责。FAA 归属交通运输部,但局长由总统直接任命。

波音 707 飞机于 1958 年获得 FAA 型号合格证,获得了适航批准。在美国严格的审定标准和审定程序下,该飞机具有良好的安全性和市场表现,先后共交付 1 010 架,被誉为商用民航客机的典范。美国的适航体系和概念也得到了世界上绝大多数国家的认可。

苏联图-154 飞机却命运多舛。该飞机于 1966 年开始设计,苏联当时没有构成体系的民用飞机适航标准和主要参考强度规范等。虽然苏联民用飞机和直升机适航标准联合委员会于 1967 年制订了《苏联民用飞机适航标准》,该标准涵盖了运输类飞机、直升机、发动机和螺旋桨等各种航空产品,但适航要求不够详细和完善。1972年,图-154获得苏联民用航空部运送乘客许可并投入运行。该飞机虽然生产了900余架,但却发生了56次重大事故,最终没能在国际主流民机市场获得认可。

欧洲空中客车公司在国际民机市场的崛起,从另一个侧面说明了强有力的适航管理能力是大型客机成功的关键因素之一。欧洲为了在国际民机市场上和美国分庭抗礼,于1990年成立联合航空局(JAA),大力加强适航审定体系和适航管理能力建设,为空中客车公司后来居上进而在国际大型民机市场与波音公司平分秋色,起到了支撑和保障作用。

纵观欧美和苏联的运输类飞机发展历程可以发现,民机型号的发展不仅需要先进的航空工业基础,更重要的是要有国际认可的安全性——适航性。

当前,在国家政策指引下,中国航空业呈现跨越式发展。ARJ21-700新支线飞机、215直升机、MA600螺旋桨飞机、Y12F轻型多用途飞机、N5B农用飞机、H0300水陆两栖飞机、L7初级教练机、28F直升机、Y8F-600飞机等型号陆续开展研制工作。2009年12月16日,大型客机C919基本总体技术方案经过评审并获得通过,转入初步设计阶段;2010年向中国民航局提交大型客机取证申请,预计大型客机争取在2014年首飞,2016年交付客户使用。

面对正在开展的支线飞机和大型客机适航审定工作,我国的适航管理面临着新的严峻的挑战,突出表现为两个主要矛盾:一是国际审定技术快速发展与我国适航审定能力相对滞后的矛盾,尽管我们采用"影子审查"的中美两国政府合作方式来弥补;二是国内民用航空工业的快速发展与有限的适航符合性基础能力的矛盾。

现实迫切需要引入、借鉴国外的优秀出版物和数据资料,同时总结、巩固我国30年的实践经验和科研成果,编著一套以"民用飞机适航"为主题的丛书,这对于促进我国适航管理技术的发展和加快适航紧缺人才的培养,具有十分重要的现实意义和深远的历史意义。

与适航事业结缘近30年,并见证了中国适航发展变迁,我怀着继续为中国适航管理竭尽绵薄之力的愿望,欣然接受了上海交通大学出版社的邀请,担任"民用飞机适航"丛书的名誉主编。出版社同时邀请了中国民用航空局张红鹰总工程师、中商飞吴光辉总设计师和原民航局适航司副司长赵越让等适航专家撰写专著,精选书目,承担翻译、审校等工作,以确保这套丛书具有高品质和重大的社会价值,为我国的大飞机研制以及适航技术的发展提供参考和智力支持。

这套丛书主要涵盖了适航理念与原则、机载软件适航、试飞、安全可靠性、金属材料与非金属材料等专业方向,知识领域覆盖我国国产大飞机适航的关键技术,内容既包括适航领域专家们最先进的理论方法和技术成果,也包括来自工艺部门进行适航符合性验证的理论和实践成果。

该套图书得到国家出版基金资助,体现了国家对"大型飞机项目"以及"民用飞机适航出版工程"的高度重视。这套丛书承担着记录与弘扬科技成就、积累和传播科技知识的使命,凝结了国内外民机适航领域专业人士的智慧和成果,具有较强的系统性、完整性、实用性和技术前瞻性,既可作为实际工作指导用书,也可作为相关专业人员的学习参考用书。期望这套丛书能够有益于民用航空领域里适航人才的培养,有益于国内适航法规的完善、有益于国内适航技术的发展,有益于大飞机的成功研制。同时吸引更多的读者重视适航、关心适航、支持适航,为国产大型客机的商业成功做出贡献。

最后,我们衷心感谢中商飞、上海交通大学出版社和参与编写、编译、审校的专家们以及热心于适航教育的有识之士做出的各种努力。

由于国内外专家们的背景、经历和实践等差异,有些观点和认识不尽相同,但本着"仁者见仁,智者见智","百花齐放,百家争鸣"的精神,给读者以研究、思考的广阔空间,也诸多裨益。当然,不同认识必将在未来的实践检验中得到统一和认可。这也是我们出版界伟大的社会责任。我们期望的事业也就蓬勃发展了。大家努力吧!

2013 年 4 月 20 日

序　二

2012 年 7 月 8 日,国务院出台了《国务院关于促进民航业发展的若干意见》。其中明确提出"积极支持国产民机制造",包括加强适航的审定和航空器的适航评审能力建设,健全适航审定组织体系,积极为大飞机战略服务,积极拓展中美、中欧等双边适航范围,提高适航审定国际合作水平。2013 年 1 月 14 日,国务院办公厅以国办函[2013]4 号文件下发了《促进民航业发展重点工作分工方案的通知》,要求有关部门认真贯彻落实《国务院关于促进民航业发展的若干意见》精神,将涉及本部门的工作进行分解和细化,并抓紧制订出具体落实措施。由此可见,适航和适航审定能力建设已上升为国家民航强国战略、国产大飞机战略的有效组成部分。

适航是民用飞机进入市场的门槛,代表了公众对民用飞机安全的认可,也是民用飞机设计的固有属性。尽管相比国外,我国的适航管理起步较晚,1987 年国务院才颁布《中华人民共和国民用航空器的适航管理条例》,但是我们一开始在适航标准的选用上就坚持了高标准并确定了与欧美国家接轨的道路,几十年国际民用飞机的发展和经验已充分证明我国适航管理道路的正确性和必要性,对于国家的大飞机战略,我们仍将坚持和选择这样的道路,只有这样,才能确保我国从民航大国走向民航强国,形成有国际竞争力的民用飞机产业。

飞机已经诞生 110 年了,国外先进的民机发展历史也有七八十年,我国民机发展历史较短,目前还无真正意义上按 25 部适航标准要求取得型号合格证的产品出现,但可喜的是从中央到企业,从民航到工业界,业界领导和专家将适航及适航能力的突破作为国产民用飞机产业发展的基础和前提,达成了共识。专家、学者、工程师和适航工作者全面探索和开辟了符合中国国情的适航成功道路的研究及实践,并直接应用到 C919 等型号研制中。我很高兴地看到上海交通大学出版社面向大飞机项目的适航技术提高和专业适航人才的培养,适时推出"民用飞机适航出版工程"系列丛书,引入、借鉴国外的优秀出版物,总结并探索我国民机发展适航技术的实践经验及工程实践道路,直接呼应了国家重大任务,应对了民机产业发展,这无疑具有十分重要的现实意义和深远的历史意义。

张汇鹰

2013 年 7 月 20 日

作者介绍

赵越让，男，1963 年 4 月出生，陕西人，西北工业大学工学硕士，从事民机适航管理工作近 20 年，主持过多个适航标准的制订工作，在我国民机适航业内享有较高声誉。历任成飞公司高级工程师；民航西南适航审定中心主任、民航西南局副总工程师；民航总局适航司副司长，现任中国商飞公司适航管理部部长、ARJ21 项目副总指挥。

前　言

适航性是指民用航空器(包括其部件及子系统)的整体性能和操纵特性在预期的运行环境和使用条件限制下具有安全性和物理完整性的一种品质。这种品质要求航空器在全寿命阶段内应始终保持符合其型号设计和始终处于安全运行状态。

自 20 世纪 70 年代开始,我国的适航工作走过了一条曲折的发展道路。直到 2003 年以后,随着我国民用航空产品型号的"井喷"式发展,特别是目前大型客机项目的开展,对政府部门和航空工业提出了紧迫需求和重要挑战。

"让中国的大飞机飞上蓝天,既是国家的意志,也是全国人民的意志"。2008年 5 月 12 日,国务院总理温家宝在《人民日报》发表题为《让中国的大飞机翱翔蓝天》的署名文章,明确指出:"要大大增强适航意识,适航审定部门要按照国际和国内的适航标准,从飞机的初始设计到整机组装生产实行全过程的质量监控。"

研制大型飞机要全面考虑安全性、经济性、舒适性和环保性这四个方面的要求。安全性是第一位的,因为没有安全性,一切都无从谈起。适航审定的根本目的就是确保民用航空产品和零部件满足适航规章要求的最低安全标准。这个最低安全标准是在 20 世纪 60 年代的国外适航标准中提出的,它等同于人的自然意外死亡率,即每百万飞行小时发生低于一次机毁人亡的事故,是公众、制造商和航空公司都能接受的一个最低安全水平,50 年来一直没有改变。国际民用航空实践中表现的实际安全水平高于适航标准要求的最低安全水平。

为保证航空器自身的安全性水平,任何民用航空产品只有在适航审定合格后才能够进入民用航空运输领域运营,适航审定是民用航空产品进入市场的法定前提。民航局通过制定颁布适航标准和规定,在民用航空产品的设计、制造、试验和试飞等各个阶段进行审定、监督、检查和管理,确保进入民用航空运输领域的民用航空产品符合规章要求,具有规章要求的最低安全水平。同时,通过开展适航审定,可以促进民用航空产品的设计制造企业建立健全设计保证体系和质量保证体系,并建立自我审核机制,保证民用航空产品的安全性。

为了更好地开展适航工作,需要在适航业内建立正确的核心价值观,即"保证航空安全,促进航空工业的发展"。在内涵方面,这个核心价值观包括树立安全第一的适航理念、形成敢于负责的工作思考模式、养成正直诚实的职业素养等确保航空安全的优秀思想。相应地,这对适航从业人员也提出了较高的要求,必须使他们理解适航的理念与原则、明确相关责任和义务。

本书主要包括适航发展简史、适航组织机构、适航法规文件、型号研制与审定过程、适航取证与管理、持续适航管理、适航工作的核心价值观等内容。限于编者水平有限,时间又比较仓促,本书存在不尽人意之处,衷心希望读者批评指正。

2013 年 1 月

目　　录

1 适航的来源与发展

1.1 适航的基本概念

1.1.1 适航

适航,即适航性的简称,是表征民用航空器一种属性的专用技术术语。其英文是"Airworthiness",牛津字典对适航的解释是"fit to fly",意思是"适于飞行"。

一般认为,"适航性"这个术语是由"适海性"演变而来的。早期大陆之间的交往主要靠海运。一方面,海运促进了国与国的交流与沟通;另一方面,随着海运的发展,人们逐渐对其安全性、舒适性提出了要求,即通常意义上所说的适海性(Seaworthiness)。

随着民用航空的诞生和发展,根据公众对安全的诉求以及航空工业健康发展的需要,航空器的适航性(Airworthiness)被作为专有技术名词和安全性要求提了出来。

有关适航性的定义和概念有很多,一个为大多数人所接受的说法是:适航性是指民用航空器(包括其部件及子系统)整体性能和操纵特性在预期的运行环境和使用条件限制下具有安全性和物理完整性的一种品质。这种品质要求航空器在全寿命阶段内应始终保持符合其型号设计和始终处于安全运行状态。

1.1.2 适航管理

适航性这个词从一开始,就与政府对民用航空器安全性的控制和管理有关。民用航空器的适航管理是以保障民用航空器的安全性为目标的技术管理,是政府适航部门在制定各种最低安全标准的基础上,对民用航空器的设计、制造、使用和维修等环节进行科学统一的审查、鉴定、监督和管理。

这里所说的最低安全标准,就是为保证民用航空器适航性而制定的适航标准,是在适航审定中采用的一类特殊的技术性标准。适航标准通过在民用航空器寿命周期中设计、制造、运营和维护等方面的经验和技术积累,吸取历次飞行事故的教训,经过必要的验证或论证,并在公开征求公众意见的基础上不断修订形成。

适航管理揭示和反映了民用航空器从设计、制造到使用维修的客观规律。适航管理的宗旨是保证航空安全,维护公众利益,促进民用航空事业的发展。根据管理内容和实施阶段不同,适航管理分为初始适航管理和持续适航管理两个方面。初始适航管理是在航空器交付使用前,适航部门依据适航标准和规范,对民用航空器的设计和制造所进行的型号合格审定和生产许可审定,以确保航空器和航空器零部件的设计、制造符合适航部门颁布的规章要求。持续适航管理是在航空器满足初始适航标准和规范、满足型号设计要求、符合型号合格审定基础,获得单机适航证并投入运行后,为保持它在设计制造时的基本安全水平,为保证航空器能够始终处于安全运行状态而进行的管理。

适航审定是初始适航管理工作的一部分,指在航空器交付使用前,适航管理部门依据适航规章、程序和标准,对民用航空器(包括其部件、系统)的设计和制造所进行的审查、鉴定、监督和管理,以确保航空器和航空器部件的设计、制造满足适航规章规定的最低安全标准。

1.2 民用航空安全水平

自 1959 年以来,世界商用喷气飞机累计离港达 5.193 亿次,累计达 8.98 亿飞行小时,商用喷气飞机数量从 1988 年的 6000 多架增长到 2007 年的 20702 架。

图 1.1 给出了 1988~2007 年世界商用喷气飞机飞行小时数和离港次数,两者之比约为 2.11 小时/离港次数。随着航空运输业的飞速发展,航空事故也不断增加,为保证航空安全,各国政府和航空器设计者、制造商及运营人都采取了大量的措施来减少飞机事故的数量和降低事故发生的风险。

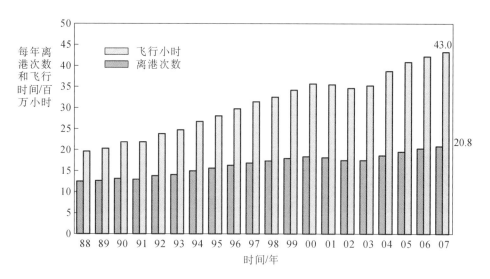

图 1.1　世界商用喷气飞机飞行小时数和离港次数

1.2.1 事故统计

表 1.1 给出了世界商用喷气飞机在 1959~2007 年间和 1998~2007 年间发生的事故及死亡人数统计情况。

表 1.1　世界商用喷气飞机事故统计

运营类型	所有事故		死亡事故		事故飞机死亡人数（地面及其他死亡人数）		飞机损毁（无修理价值）	
	1959～2007	1998～2007	1959～2007	1998～2007	1959～2007	1998～2007	1959～2007	1998～2007
客运	1 236	286	458	78	27 032(773)	5 105(185)	634	146
货运	218	70	67	12	237(327)	42(76)	153	53
维护、训练等	110	8	40	0	186(66)	0(0)	67	5
合计	1 564	364	565	90	27 455(1 166)	5 147(261)	854	204
北美地区	498	72	169	13	6 078(445)	365(82)	208	30
世界其他地区	1 066	292	396	77	21 377(721)	4 782(179)	646	174
合计	1 564	364	565	90	27 455(1 166)	5 147(261)	854	204

注：事故统计的范围指最大重量超过 60 000 lb (1 lb＝0.4536 kg)的合格审定喷气飞机(包括非航线运营飞机)，不包括军用飞机和独联体/前苏联制造的飞机；事故统计不包括由于恐怖活动、劫机、蓄意破坏、敌对行为及军事行动造成的飞机事故和人员伤亡。

图 1.2 为世界范围内商用喷气飞机每年事故率(以事故次数/百万次离港表示)，包括全部事故率、人员伤亡事故率和飞机损毁事故率以及每年机上人员伤亡数。商用喷气飞机事故率约为 0.5 次/百万次离港(0.24/百万飞行小时)。

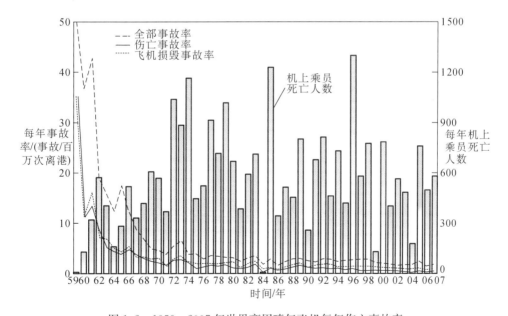

图 1.2　1959～2007 年世界商用喷气飞机每年伤亡事故率

图 1.3 对北美地区和世界其他地区的死亡事故率进行了对比。北美地区在 2007 年死亡事故率约为 0.1 次/百万次离港(0.05/百万飞行小时)，而世界其他地区

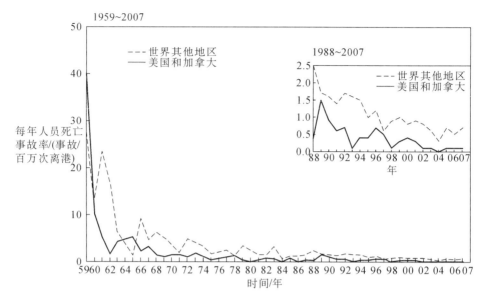

图1.3　商用喷气飞机每年死亡事故率

在2007死亡事故率约为0.7次/百万次离港(0.33/百万飞行小时)。可以看出,北美地区的航空运输安全水平比世界其他地区高很多。

1.2.2　事故分析

世界各国民航组织、航空器制造商和航空器承运人对航空事故发生的原因均十分关注,并进行了详细的研究。

图1.4给出了1934~2007年间发生的飞机事故分类统计,事故统计按以下13方面因素进行分类:

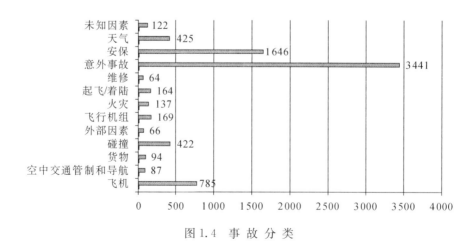

图1.4　事　故　分　类

(1)飞机:包括机身失效、设计错误、发动机、操纵舵面、仪表、增压舱、系统、起落架等因素。

（2）空中交通管制和导航：包括语言/通信、仪表气象条件下目视飞行、错误或没有理解指令等问题。

（3）货物：包括货物装配、起火、过载等因素造成的事故。

（4）碰撞：包括在地面和飞行中与其他飞机的碰撞、鸟撞及与其他目标的碰撞。

（5）外部因素：包括外来物损坏、尾流等因素。

（6）飞行机组：包括酒精/药物作用、精神状态、不遵循程序、疲劳等因素。

（7）火灾：包括机库、地面及飞行中发生的火灾。

（8）起飞/着陆：包括重着陆、擦尾、错误起飞构型、中断起飞、跑道错误等因素。

（9）维修：包括错误安装部件、适航指令或服务通告失效等。

（10）意外原因：包括可控飞行撞地（CFIT）、应急着陆、失控等。

（11）安保：包括劫机、爆炸物等因素。

（12）天气：包括冰、闪电、暴雨、湍流、风切变等因素。

（13）未知因素：不能确定的因素。

图 1.5 给出了 1934～2007 年间发生的飞机事故原因所占百分比。

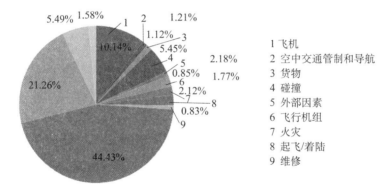

图 1.5　各类因素所占百分比

由图 1.4 和图 1.5 可知，由于意外原因导致的事故为 3 441 起，占事故总数的 44.3%；由于安保原因造成的事故共计 1 646 起，占事故总数的 21.26%；由于飞机本身造成的事故共计 785 起，占事故总数的 10.14%；由于碰撞造成的事故共计 422 起，占事故总数的 5.42%；由于天气造成的事故共计 425 起，占事故总数的 5.49%；由于机组造成的事故共计 169 起，占事故总数的 2.18%；起飞/着陆过程中发生的事故共计 164 起，占事故总数的 2.12%；由于火灾造成的事故共计 164 起，占事故总数的 1.77%；由于维修原因造成的事故共计 64 起，占事故总数的 0.83%；由于外部事件造成的事故共计 66 起，占事故总数的 0.85%；由于空管和导航造成的事故共计 87 起，占事故总数的 1.12%；由于货物造成的事故共计 94 起，占事故总数的 1.21%；未知因素的事故共计 122 起，占事故总数的 1.58%。

在飞机本身因素导致的事故中，按照起落架（Undercarriage）、系统（Systems）、增压装置(Pressurization)、仪表(Instruments)、操纵舵面(Flight surfaces)、发动机(Engines)和机身(Airframe)分别进行了统计分析,如图1.6和图1.7所示。这类事故是指失效和设计错误造成的。其中由于机身造成的事故159起,占这类事故的20.25%;由于发动机造成的事故361起,占这类事故的45.99%;由于起落架造成的事故100起,占这类事故的12.74%;由于操纵舵面造成的事故89起,占这类事故的11.34%;由于系统造成的事故41起,占这类事故的5.22%;由于仪表造成的事故28起,占这类事故的3.57%;由于增压装置造成的事故7起,占这类事故的0.89%。

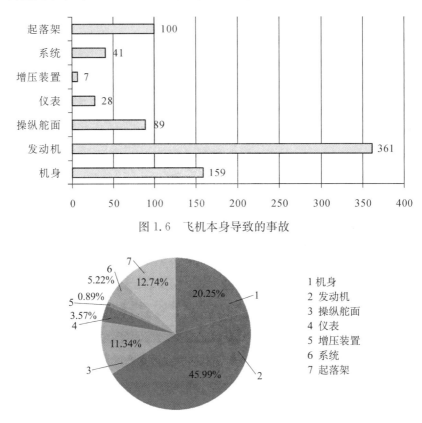

图1.6　飞机本身导致的事故

图1.7　飞机本身导致的事故中各类所占百分比

综上所述,由于飞机设计制造本身导致的事故占总事故数约10%。按照图1.2的统计,由于飞机设计制造本身导致的事故率约为0.024/百万飞行小时。

1.3　适航标准安全水平

20世纪50年代晚期,适航当局和航空工业界认识到,有必要确定一个合理可接受的定量概率值来定义航空器安全性目标。

当时的历史运营数据显示,民用飞机运营过程中灾难事故发生概率近似于每百万小时发生一次严重事故;进一步研究发现,约百分之十源自于飞机系统本身。因此对于新设计的飞机,所有飞机系统本身导致严重事故的发生概率至多不应该超过每百万小时 0.1 次,即 1×10^{-7}/飞行小时。

英国民航局在"英国民航适航规章"中首先建立了这一定量概率值作为可接受的安全性水平,确保关键系统的增加不会导致严重事故发生概率的增加。由于当时飞机系统的复杂性,确定导致严重事故是按失效状态而不是飞机系统,并假定导致严重事故的失效状态不超过 100 个。将 1×10^{-7}/飞行小时的平均发生概率目标被平均分配给 100 个失效状态,结果就是导致灾难性事故的每个失效状态发生概率不超过 1×10^{-9}/飞行小时。灾难性失效状态每飞行小时平均发生概率的上限就是我们所熟悉的 1×10^{-9}/飞行小时。之后,FAA 接受了英国民用航空要求中的定量概率目标,并在其咨询通告 AC25.1309-1 中明确给出,形成了以 1×10^{-9}/飞行小时为特征的适航标准要求的安全性水平。

适航标准要求的是最低安全水平,由图 1.2 和图 1.3 可知,国际民用航空实践活动表现的安全水平均高于适航标准要求的最低安全水平要求,并反映飞机设计要求的安全水平也高于适航标准要求的安全水平。

安全水平是无止境的,可以把安全水平确定为千万飞行小时,但设计的飞机就会非常昂贵,从而造成公众无法乘坐飞机。如果安全水平确定得过低,比如说十万飞行小时,这样公众也无法接受。

综上所述,适航标准是用生命和鲜血换来的,是维护公众利益的最低安全水平,是没有知识产权限制的民机产业宝贵知识,是我国民机产业走向世界的重要知识源泉之一,是民用航空产业可持续发展的基石。

2 适航管理组织机构

适航管理组织机构是适航管理体系的一部分，是开展适航工作的组织保障。适航管理体系是指为实现国家对民用航空器设计制造的适航管理；保证民用航空产品的安全，由适航各相关要素组成的有机整体，主要包括适航管理组织机构和适航法规体系。

2.1 国际民航组织与适航要求

国际民用航空组织(ICAO)和《国际民用航空公约》对缔约国的适航管理提出了明确的要求。

国际民用航空组织成立于 1947 年，其前身是依据 1919 年《巴黎公约》成立的空中航行国际委员会(ICAN)。第二次世界大战对航空技术发展起到了巨大的推动作用，并在全球范围内形成了一个包括客货运输在内的航线网络。但随之也引发了一系列急需国际社会协商解决的政治和技术问题。

1944 年，在美国政府的邀请下，包括中国在内的 52 个国家参加了在芝加哥召开的国际会议，制定了《国际民用航空公约》(简称《芝加哥公约》)，并据此建立了"国际民用航空组织(ICAO)"。1947 年 4 月 4 日，《国际民用航空公约》正式生效。国际民航组织的总部设在加拿大蒙特利尔。目前，ICAO 的缔约国已达 190 个国家或地区。

1971 年，联合国大会通过关于恢复中华人民共和国在联合国合法席位的第 2758 号决议。当年 11 月 19 日，ICAO 理事会承认中华人民共和国政府是中国在 ICAO 的唯一合法代表。1974 年 2 月，中华人民共和国政府致函国际民航组织，决定承认《芝加哥公约》，并恢复参加国际民航组织的活动。1974 年 9 月，ICAO 召开第 21 届大会，中国当选为 ICAO 第二类理事国。在 2004 年 9 月的 ICAO 第 35 届大会上，中国当选 ICAO 第一类理事国。

国际民航组织的宗旨和目的在于制定国际航行的原则，促进国际航空运输的发展，以此：

(1) 保证全世界国际民用航空安全有序的发展。

(2) 鼓励为和平用途的航空器的设计和运行技术。

(3) 鼓励发展国际民用航空应用的航路、机场和航行设施。

（4）满足人们对安全、正常、有效和经济的航空运输的需要。

（5）防止因不合理竞争造成的经济浪费。

（6）保证缔约国的权利充分受到尊重。

（7）避免缔约国之间的差别待遇。

（8）促进国际航行的飞行安全。

（9）促进国际民用航空在各方面的发展。

ICAO 的出版物有很多种。这些出版物或者为缔约国提供了在国际航行中必须遵守的标准，或者为执行这些标准提供了可接受的符合性方法。ICAO 的出版物通常被分为两类：

（1）经理事会批准出版的，如会议最终报告、国际标准和建议措施、空中导航服务程序（PANS）、补充程序（SUPPS）、地区计划等。

（2）依据理事会批准的原则和政策，由秘书长授权编写、批准出版的，比如外场手册、国际民航组织通告、空中航行计划、技术手册等。

《国际民用航空公约》是国际民用航空的基本法，ICAO 以《国际民用航空公约》附件的形式制定了各种国际标准和建议措施。ICAO 不断修改《国际民用航空公约》附件，因此，《国际民用航空公约》附件是随国际民用航空的发展不断变化的国际民用航空法的具体内容。

到目前为止公约共有 18 个附件，简要说明如下：

《附件 1》：颁发人员执照（Personnel Licensing），为飞行机组成员、飞行签派员/飞行运行人员、空中交通管制员和飞机维修人员执照的颁发和更新提供了标准。

《附件 2》：空中规则（Rules of the Air），包含与目视和仪表飞行相关的规则。

《附件 3》：国际空中航行的气象服务（Meteorological Service for International Air Navigation），规定国际空中航行气象服务和航空器观察的气象报告。

《附件 4》：航图（Aeronautical Charts），包含国际航空中使用的航图规范。

《附件 5》：空中和地面运行中所使用的计量单位（Units of Measurement to be Used in Air and Ground Operations），该附件列出在空中和地面操作中使用的量纲系统。

《附件 6》，航空器的运行（Operation of Aircraft），该附件包含了各种规范，以保证全世界各种航空器运行的安全水平保持在规定的最低标准之上。

《附件 7》：航空器国籍和登记标志（Aircraft Nationality and Registration Marks），该附件规定航空器标识和登记的要求。

《附件 8》：航空器适航性（Airworthiness of Aircraft），该附件规定航空器审定和检查的统一程序。包括大型飞机、直升机、小型飞机、发动机和螺旋桨的适航审定标准。

《附件 9》：简化手续（Facilitation），该附件规定过境手续的简化程序。

《附件 10》：航空电信（Aeronautical Telecommunication），第 1 卷规定通信设备

和系统的标准;第 2 卷规定标准的通信程序。

《附件 11》:空中交通服务(Air Traffic Services),包括建立和使用空中交通管制、飞行情报和告警服务的信息。

《附件 12》:搜寻与救援(Search and Rescue),提供搜寻与救援所必需的组织和使用有关设施与服务的信息。

《附件 13》:航空器事故和事故征候调查(Aircraft Accident and Incident Investigation),该附件对航空器事故的通知、调查和报告规定了统一的做法。

《附件 14》:机场(Aerodromes),提供机场设计和设备的规范。

《附件 15》:航行情报服务(Aeronautical Information Services),包含收集和分发飞行所必需的航行情报的方法。

《附件 16》:环境保护(Environmental Protection),包含航空器噪声的审定、噪声监测和供制订土地利用计划的噪声影响范围的规范(第 1 卷)以及航空器发动机的排放物的规范(第 2 卷)。

《附件 17》:防止对国际民用航空进行非法干扰行为的安全保卫(Security: Safeguarding International Civil Aviation Against Acts of Unlawful Interference),规定了保护国际民用航空免受非法干扰的方法。

《附件 18》:危险品的安全航空运输(The Safe Transport of Dangerous Goods by Air),包括危险品的标识、包装和运输的规范。

《国际民用航空公约》及其附件对缔约国具有法律约束力。《国际民用航空公约》附件是需要经过理事会会议三分之二的票数通过,然后由理事会将此种附件分送各缔约国。理事会应在任何附件或其修正案生效时,立即通知所有缔约国。

《航空器适航性》的标准和建议措施是理事会于 1949 年 3 月 1 日根据《国际民用航空公约》(1944 年,芝加哥)第三十七条通过的,定为公约的《附件 8》。目前生效的版本是《附件 8》第十版第 100 次修订,理事会于 2004 年 12 月 13 日通过,2005 年 4 月 13 日生效,2007 年 12 月 13 日实施。其主要内容如下:

前言。

第Ⅰ部分 定义。

第Ⅱ部分 合格审定程序和持续适航。

第 1 章 型号合格审定。

第 2 章 制造。

第 3 章 适航证。

第 4 章 航空器的持续适航。

第Ⅲ部分 大型飞机。

第Ⅳ部分 直升机。

第Ⅴ部分 小型飞机。

第Ⅵ部分 发动机。

第Ⅶ部分　螺旋桨。

2.2　适航管理工作特点

为了保证民用航空的安全性,世界上凡有航空运输的国家几乎都设有民用航空的适航管理机构,这种机构按照各国国情规模不一、名称各异。比较典型的有美国联邦航空局(FAA)和欧洲航空安全局(EASA)等。其中,FAA 不仅在适航管理方面具有法规制定和适航合格审定职能,还具备着强大的标准化职能,在国际航空标准化组织中占据着主导位置,而 EASA 则是为了适应空客飞机的发展和欧盟的航空领域一体化而逐步演变发展起来的。

按照工作性质,适航管理机构的适航管理工作可划分为以下三类:

(1) 立法、制定标准——适航审定部门根据国家颁布的"航空法"统一制定颁布各种与安全有关的技术和管理的适航标准、规章、规则、指令和通告等。

(2) 颁发适航证件——在民用航空器的研制、使用和维修过程中,通过依法对审定和颁发各种适航证件的手段来检验执行程度或标准要求的符合性。

(3) 监督检查——适航部门通过颁证前的合格审定以及颁证后的监督检查等手段,促使从事民用航空产品设计、制造、使用和维修的单位或个人始终自觉的满足适航标准、规定的要求。

2.3　FAA 适航管理机构

美国于 1926 年在商务部成立航空司(Aeronautics Branch),颁发第 7 号航空通报,对飞行员、航图、导航和适航标准进行管理。1928 年颁发了第 14 号航空通报,关注飞机结构、发动机和螺旋桨的适航管理。

1934 年,美国航空司更名为航空局(Bureau of Air Commerce),开始制定民用航空规章(CAR)。1938 年又更名为民用航空局(Civil Aeronautics Administration),从商务部分离出来成为一个独立的政府部门。从 1934 年到 1958 年相继制定颁发了CAR 4(飞机适航要求)、CAM 4(要求和解释材料)、CAR 3(小飞机适航要求)、CAR 6(旋翼机适航要求)、CAR 4a - 1(技术标准规定(TSO))、CAR 7(运输类旋翼飞机适航要求)。1958 年,航空局更名为联邦航空当局(Federal Aviation Agency),负责制定美国航空条例和军民空管。1965 年 FAA 制定颁发了 FAR 21 部《适航审定管理程序》,并将 CAR 相继转换成联邦航空条例(FAR)。

1966 年,联邦航空当局更名为联邦航空局(Federal Aviation Administration,FAA),并把事故调查的职责划分给了国家运输安全委员会(NTSB)(NTSB 直接向国会负责)。1981 年,FAA 适航审定司按美国航空工业地域分布组建了四个审定中心(Directorates),分别负责不同航空产品的适航审定和项目管理。

FAA 作为国际先进的适航审定体系,其组织机构完善健全、布局合理。FAA 的审定体系组织机构有三个层次,如图 2.1 所示。

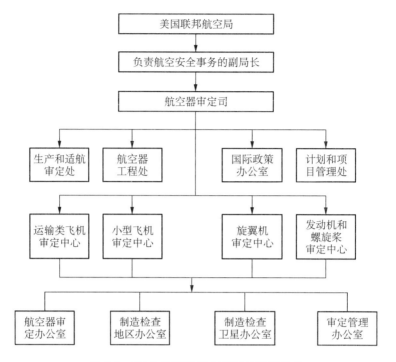

图 2.1　FAA 的适航审定部门的组织体系

　　第一层是 FAA 总部的生产和适航审定处、航空器工程处、国际政策办公室、计划和项目管理处四个管理机构,负责适航政策的制定与管理工作。其中:

（1）生产和适航审定处,负责生产许可审定和单机适航审定政策制定。

（2）航空器工程处,负责航空器适航审定技术方面的政策制定。

（3）国际政策办公室,负责国际适航双边协议和国际事务的政策制定。

（4）计划和项目管理处,负责型号合格审定的程序制定。

　　第二层是根据民用航空工业布局,按专业分工在不同区域设立的运输类飞机、小型飞机、旋翼类航空器、发动机和螺旋桨四个适航审定中心。审定中心负责所辖地区航空产品的型号合格审定项目管理,制定适航标准,负责审定政策及标准化,并负责所辖地区办公室的管理。每一个中心有两种职能,即专业管理职能和地区管理职能。专业管理职能是指负责特定航空产品或零部件的规章和政策,提供技术指导;地区管理职能是指审定中心负责所在地区审定项目管理,提供审定所需的资源、实施政策,保证审定项目的完成。

　　第三层是每个审定中心所辖地区中负责具体审查工作的航空器审定办公室（ACO）、制造检查地区办公室（MIDO）、制造检查卫星办公室（MISO）、审定管理办公室（CMO）等现场办公室。其中 ACO 是审定中心下属的开展具体审定工作的部门,审查航空器、发动机、螺旋桨与局方颁布的适航规章、标准、程序的符合性,并参与航空器事故调查、负责使用困难报告。ACO 负责航空器、发动机、螺旋桨的设计批准,以及零部件制造商批准、TSO 设计批准。

各地区审定中心及其管辖的现场办公室包括:

(1) 运输类飞机审定中心(Transport Airplane Directorate)位于西雅图,负责运输类飞机的适航标准、审定政策、审定指南等,负责进口运输类飞机的审定和运行安全,负责跟踪与中国、巴西等国家的适航双边关系。并负责所辖地区办公室的管理(表 2.1)。

表 2.1　运输类飞机审定中心

ACO	对应的 MIDO 和 CMO
西雅图 ACO	西雅图 MIDO
	CMO-波音
洛杉矶 ACO	洛杉矶 MIDO
	范奈司 MIDO
	菲尼克斯(凤凰城)MIDO
丹佛 ACO	西雅图 MIDO

(2) 小型飞机审定中心(Small Airplane Directorate)位于堪萨斯城,负责正常、实用、特技、通勤类航空器,以及气球、滑翔机、飞艇的适航标准、审定政策、审定指南等,负责进口小飞机的审定和运行安全。并负责所辖地区办公室的管理(表 2.2)。

表 2.2　小型飞机审定中心

ACO	对应的 MIDO 和 MISO
安克雷奇 ACO	威奇塔 MIDO
威奇塔 ACO	威奇塔 MIDO
	堪萨斯城 MIDO
亚特兰大 ACO	亚特兰大 MIDO
	萨凡纳 MISO(亚特兰大的延伸 MIDO)
	莫比亚 MISO(亚特兰大的延伸 MIDO)
	奥兰多 MIDO
芝加哥 ACO	明尼阿波利斯 MIDO
	克里弗兰 MIDO
	底特律 MISO(克里弗兰的延伸 MIDO)
	范达利亚 MIDO
	芝加哥 MISO(范达利亚的延伸 MIDO)

(3) 旋翼机审定中心(Rotorcraft Directorate)位于沃思堡,主要负责正常类和运输类旋翼航空器的适航标准、审定政策、审定指南等,负责进口旋翼航空器的审定和运行安全。并负责所辖地区办公室的管理(表 2.3)。

表 2.3　旋翼机审定中心

ACO	对应的 MIDO
福特沃斯 ACO （飞机）	福特沃斯 MIDO 俄克拉荷马市 MIDO 圣安东尼奥 MIDO
福特沃斯 RCO （旋翼机）	福特沃斯 MIDO 俄克拉荷马市 MIDO 圣安东尼奥 MIDO
福特沃斯 SCO （特殊审定）	福特沃斯 MIDO 俄克拉荷马市 MIDO 圣安东尼奥 MIDO

（4）发动机和螺旋桨审定中心（Engine and Propellor Directorate）位于波士顿，负责航空发动机、螺旋桨的适航标准、审定政策、审定指南等，负责进口发动机和螺旋桨的审定和运行安全。并负责所辖地区办公室的管理。

审定中心接受美国联邦航空局航空器审定司的领导，具备双重职能。一方面，审定中心按照不同的航空产品类别负责适航审定政策的标准化；另一方面，审定中心按照所在地管理周边几个州的现场办公室（Field Office），负责所辖几个州的所有航空产品和零部件的适航审定项目（表 2.4）。

表 2.4　发动机和螺旋桨审定中心

航空器审定办公室（ACO）	对应的 MIDO 和 MISO
波士顿 ACO 波士顿 ECO（发动机） 纽约 ACO	波士顿 MIDO 温莎洛克斯 MIDO · 法明代尔 MIDO 萨德尔布鲁克 MISO（法明代尔的延伸 MIDO） 新昆伯兰 MIDO

FAA 审定中心和各地航空器审定办公室的分布充分考虑美国航空工业布局。例如，运输类飞机审定中心位于波音公司宽体和窄体客机研制所在地西雅图；小型飞机审定中心位于堪萨斯城，与著名的通用飞机制造商赛斯纳在同一地区；旋翼机审定中心位于沃思堡，与贝尔直升机公司在同一地区；发动机和螺旋桨审定中心位于波士顿，与发动机制造商 GE、普惠在同一地区（图 2.2）。

美国 FAA 有一支 1250 余人组成的适航审定队伍，包括 40 人的局方试飞员队伍和 45 人的试飞工程师队伍。另有 3000 多具有深厚航空工业背景的工程师组成的工程委任代表队伍，承担 FAA 适航管理工作中超过一半的工作量。此外，还有一批科研院所和专业试验室以委任单位代表的形式承担着型号合格审定中的符合性验证工作。这些专职适航人员、委任代表以及 FAA 授权的试验室构成了 FAA 适航

图 2.2 FAA 四个审定中心的地域分布

审定体系的主体力量,为美国民用航空工业和航空运输业的发展提供了强有力的技术保障。

2.4 EASA 适航管理机构

欧洲航空安全局(EASA)前身是联合航空局(JAA)。

20 世纪 70 年代,法国、德国等几个国家决定通过整合欧洲的技术和资源,联合设计、制造大型商用飞机,同美国分享庞大的世界航空业市场。为此初步成立了"联合适航局(JAA)"。

1990 年在塞布鲁斯会议上,JAA 正式成立,签署《联合航空局协议》的国家成为 JAA 的成员。JAA 的主要职责是制定和完善联合航空要求(Joint Aviation Requirements,JAR)。其内容涉及飞机的设计、制造、运营和维修,及民用航空领域的人员执照等,并进行相关管理和技术程序的制定。JAA 的成立,保证了成员国间的合作,使各成员国之间的航空安全水平达到一个较高的水准。JAA 的另一项职责是同世界上在民用航空领域有影响力的区域或国家航空当局进行交流与合作,并通过缔结国际协议,促使世界范围内的民用航空安全标准和要求达到 JAA 的安全水平。

JAA 不是一个法律框架下的机构,而是一个协会,在每个成员国同时存在适航当局。JAA 的所有要求对其成员国都不具有法律约束,各国的航空当局会根据自己国家的情况或高或低的制定自己的航空法规。欧洲各国间的航空标准没有完全统一,这不利于欧洲区域一体化的进一步发展,也不能满足欧洲航空领域未来的需要。另外,JAA 各成员国单独进行合格审定并颁发合格证,造成 JAA 体系中存在多种合格证,不利于适航交流与沟通。因此,客观上就需要一个拥有更大权利的、对成员国具有约束力的组织来统一管理欧洲的航空领域。

伴随着欧洲一体化进程的推进,2002 年欧盟议会颁发第 1592/2002 号欧盟议会条例,并组建了欧洲航空安全局(European Aviation Safety Agency, EASA)。以此为标志,EASA 将接替所有 JAA 的职能和活动,与 JAA 作为欧洲各国适航当局的协会不同,EASA 是在欧盟框架下,依据欧盟议会规章的相关规定,集中行使各成员国部分民航管理主权的政府组织。为了与欧洲航空制造业的产业特点相适应,EASA 的适航审定部门的组织体系设置一方面按航空产品类别设立审定部门,另一方面分散在欧洲各个成员国中,以便更有效地对跨国合作的大型航空制造企业和众多小型航空制造企业进行适航管理。EASA 机构设置如图 2.3 所示。

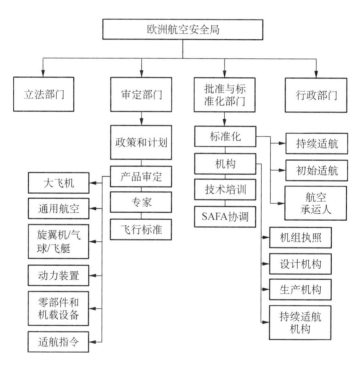

图 2.3　EASA 的适航审定部门的组织体系

目前,欧盟的法国、德国、意大利、西班牙、荷兰、英国等 31 个国家均为 EASA 的成员国,每个成员国都有自己的适航当局。在适航审定工作中,EASA 主要负责 AIRBUS 的设计制造审查、颁证和管理。对其他产品,其设计由 EASA 审查批准,制造由所在的 EASA 成员国适航当局审查批准。同时,EASA 各成员国适航当局还承担了大量的各种基础性审查工作,解决了地域管理等问题,保证了工作效率和效果。

欧洲适航审定体系的组织结构包括位于欧洲航空安全局（EASA）总部的审定司、质量与标准化司、法规司等。其中对设计单位和制造单位的批准职能归属批准与标准化司。审定司下设产品处、专家处、飞行标准处和合格审定政策计划处；各处又细分为多个室，如产品处下设大飞机室、通用航空室、旋翼机/气球/飞艇室、推进系统室、设备零部件室、环境保护室、适航指令和安全管理及研究室共 7 个室；专家处下设结构室、飞行室、电气系统室、航电系统室、软件和复杂电子硬件室、动力装置室、客舱安全室、环控系统和防冰室、人为因素室、液压机械室共 10 个室。

与 FAA 相比，EASA 的适航组织体系具有以下不同特点：

（1）产品审定分类不同。

与美国分为运输类飞机、小飞机、旋翼机和发动机/螺旋桨不同，欧洲航空安全局单设了负责零部件和机载设备适航审定的部门和负责适航指令的部门，由其负责相关的审定工作。

（2）重视标准化工作。

由于欧洲航空安全局的具体适航审定工作仍由欧洲各国民航局的适航审定人员承担，因此对适航标准和程序执行的标准化问题尤为重要。欧洲航空安全局的适航组织体系中特别设置了标准化部门，负责标准化和培训工作。

（3）证件批准和管理方式。

与美国的适航标准管理体系不同，欧洲对航空产品的设计和生产机构还单独颁发设计机构批准书。因此，欧洲航空安全局的适航组织体系中设置了机构评审的部门，负责设计机构、生产机构和持续适航机构评审和批准。

EASA 对航空器的适航管理实行的是设计单位批准书（DOA）、型号合格证（TC）、生产单位批准书（POA）和适航证（CA）管理模式。EASA 要求航空制造企业通过获得设计机构批准（Design Organization Approval，DOA）和生产机构批准（Production Organization Approval，POA）的方式来证明其设计能力和质量系统。DOA 的核心内容是要求申请人具备成熟的设计保证系统（Design Assurance System，DAS）并且通过编制和贯彻设计机构手册（Design Organization Manual，DOM）来实施 DAS 系统，以确保其能够承担相应的适航责任。POA 的内容是要求申请人具备成熟的质量系统（Qualification System，QS）并且通过编制和贯彻生产机构手册（Production Organization Manual，POM）来确保其质量系统的有效性。

适航当局在颁发 DOA 之后将继续负责监控工作。对于加入集团公司或其他工业关系网的单位，不需重新全面评估。从而使申请人和适航当局双方避免了在各 DOA 领域内的重复工作。DOA 的核心就是要求设计单位建立一个持续有效的设计保证系统。它包括了从设计开始，经过分析和试验阶段、符合性验证阶段，一直到最后提交设计符合性声明而获得设计批准为止的整个过程。无论是产品设计单位还是零部件和机载设备设计单位，EASA 均要求其获得 DOA。

截至 2009 年底，在德国科隆的 EASA 总部内有 460 余人，其中与适航审定直接相关的有 330 余人,主要分布在法规司、审定司、质量与标准化司下属的各职能处室,负责制定民用航空安全和环境方面的规章,并负责监督各成员国对这些规章的实施。另外,考虑到分布在 EASA 所属 31 个成员国适航当局的审定队伍,规模也更为庞大。

2.5 CAAC 适航管理机构

根据《中华人民共和国航空法》和《中华人民共和国适航管理条例》,我国对民用航空器的适航管理由中国民用航空局负责。民航局通过制定颁布适航标准和规定,代表国家行使政府职能,对民用航空器的设计、制造、使用和维修直至退役全过程进行鉴定、监督、检查和管理,确保飞行安全。

20 世纪 70 年代末,民航局成立了工程司,1987 年在民航局下成立了适航司,开始参照美国的模式建立适航审定系统。从 1989 年开始逐步建立上海、西安、沈阳、成都航空器审定中心。1992 年 1 月正式组建了航空器适航中心,该中心后来合并到民航局安技中心。2003 年以后,根据工作需要,撤销原有的四个审定中心,在民航局六个地区管理局建立适航审定处,在新疆地区管理局建立了适航处。2007 年根据中国民用航空工业的发展需求,民航局成立了上海航空器适航审定中心和沈阳航空器适航审定中心,分别负责运输类飞机适航审定和小型飞机适航审定。同年还成立了适航审定技术研究与管理中心,以加强适航审定技术研究,为适航审定提供技术支持。中国适航审定组织结构如图 2.4 所示。

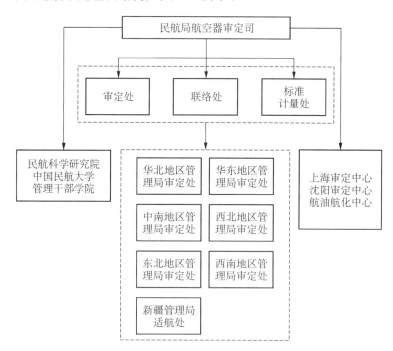

图 2.4　中国适航审定系统的组织机构

2007 年 9 月 26 日,原国防科工委与民航总局联合成立民用航空器适航联合推进委员会,其主要职责是组织制定民用航空器适航发展的战略、规划和政策;研究决定适航管理、适航审定、适航标准、适航验证技术、适航基础能力建设和适航专业化人才队伍建设等重大事项;推进国际双边适航;协调解决民用航空器适航重大问题。下设两个技术支持机构:成立国防科工委、民航总局适航技术研究与管理中心,挂靠中国航空综合技术研究所;成立民航总局、国航科工委适航审定技术与管理研究中心,挂靠中国民航大学。由于国家大部委改革,2009 年 7 月,工业和信息化部、中国民用航空局联合成立民用航空器适航联合推进委员会。委员会下设的技术支持机构分别挂靠中国航空综合技术研究所和中国民航大学。

2010 年,在成都成立了中国民用航空航油航化适航审定中心,对为民用航空器提供航油和航化产品的供应企业及其检测单位进行适航审查。

此外,民航局还于 2009 年在天津成立了空客 A320 飞机生产监督办公室。2010 年初,在民航黑龙江监管局成立了生产监督办公室,并将在山东监管局成立生产监督办公室。

各部门或机构的职责是:

1) 适航审定司

(1) 起草编写适航规章和标准。

起草民用航空器国籍登记和注册、民用航空产品(包括航空器、发动机、螺旋桨)及其航空材料、零部件、机载设备和民用航空油料、化学产品适航审定管理以及相应环境保护的相关法规、规章、政策、标准,并监督执行。负责民航标准化和计量工作。

(2) 适航审定。

负责民用航空产品型号及补充型号的合格审定、型号认可审定、补充型号认可审定、生产许可审定、单机适航审定,负责民用航空器飞行手册的审查和批准。负责民用航空器噪声、发动机排出物的合格审定。负责航空材料、零部件和机载设备型号和生产合格审定、适航审定。负责民用航空油料及民用航空化学产品适航审定。

(3) 国籍登记和注册。

负责民用航空器的国籍登记和注册。

(4) 适航证件管理。

负责型号合格审定、生产审定、单机审定等三类 16 种证件的管理。

(5) 证后管理。

负责民用航空器加、改装审定及重大特修方案、超手册修理方案工程审批。负责民用航空器重复性、多发性故障的工程评估,颁发民用航空产品和零部件适航指令。参与民用航空器的事故调查。

(6) 委任代表管理。

负责适航审定委任代表和委任单位代表的审核和管理。

2）各地区管理局适航审定处

（1）参与适航审定政策、标准、程序的制定，组织所辖地区贯彻执行；对持证人进行监督管理；根据授权实施所辖地区相应证件的管理工作。

（2）负责相关型号航空器适航指令的颁发与管理工作，并负责相关适航指令的延期或豁免的审批工作。

（3）负责所辖地区民用航空器加、改装和重大特修方案工程的批准。

（4）根据授权，参与所辖地区民用航空器的事故调查工作；负责所辖地区重大、多发性事故工程的评估。

3）上海航空器适航审定中心

中国民航上海航空器适航审定中心作为我国唯一的运输类飞机的适航审查机构，未来将负责对我国大型客机 C919、蛟龙 600 水陆两栖飞机等与 CCAR - 25 部相对应的运输类飞机的适航审查及其颁证后的持续证件管理工作，协助研究与修订运输类飞机适航标准、咨询通告、管理程序，开展与运输类飞机相关的适航技术咨询和局方委任代表的培训。其主要任务为：

（1）按授权，承担民航运输类航空器型号合格审定、补充型号合格审定和生产许可证审查的相关工作。

（2）协助对民航运输类航空器型号合格证和生产许可证等证件持有人进行管理和监督检查。

（3）按授权，负责对相关型号民用航空器飞行手册的审查。

（4）协助编发相关型号民用航空产品的适航指令，监督检查相关航空器设计、制造单位执行适航指令的情况。

（5）按授权，承担相关民用航空器研制特许飞行证和标准适航证颁发前的技术检查工作。

（6）协助制定（修订）民航运输类航空器适航标准及其相关文件。

4）沈阳航空器适航审定中心

中国民航沈阳航空器适航审定中心目前正在开展 Y12 - F 和 Z15 的型号审定。未来将负责与大飞机相关的机载设备审定、旋翼机和小飞机的适航审定，制订和研究相应的适航标准及符合性方法。主要任务为：

（1）按授权，开展大型客机的机载设备审定。

（2）按授权，开展旋翼机和小飞机的型号合格审定和生产许可审定。

（3）对相关型号合格证和生产许可证等证件持有人进行管理和监督检查。

（4）协助修订、研究和跟踪相应的适航标准及符合性方法，形成完整的适航审定体系。

（5）在诠释适航标准、研究审定技术和制定符合性方法等方面开展国内外合作与技术交流。

5）民用航空航油航化适航审定中心

民用航空航油航化适航审定中心是目前国内乃至亚洲设施最完善的航化产品与飞机材料相容性和飞机舱内非金属材料阻燃性的权威评估中心。其主要职责为：

（1）按授权，承担航空油料和航空化学产品项目适航审查的相关工作以及相关适航证件的证后管理工作。

（2）协助起草航空油料和航空化学产品适航审定的相关规章和标准。

（3）开展航空油料和航空化学产品适航标准和审定技术的研究。

（4）负责航空油料和航空化学产品的适航检测。

6）民用航空器适航审定技术与管理研究中心

作为工业和信息化部、中国民用航空局民用适航器适航联合推进委员会的技术支持机构，挂靠在中国民航大学的民用航空器适航审定技术与管理研究中心的主要职责为：

（1）为民用航空器适航联合推进委员会决策提供技术支撑。

（2）开展民用航空器适航发展战略、规划和政策研究。

（3）组织开展适航审定技术和适航技术研究。

（4）组织开展适航培训，受托开展资格认证，提供公共服务和咨询。

（5）跟踪和掌握国际适航发展趋势，开展国际交流活动。

（6）交办的其他事项。

7）中国民用航空局航空安全技术中心航空器适航室

航空器适航室的主要职责是：

（1）协助民航局进行航空器适航审定有关的证件管理，申请、颁证、信函等日常工作。

（2）根据授权颁发适航指令。

（3）参加适航审定工作。

（4）民航局适航信息系统的维护、管理。

（5）跟踪国外的适航规章。

（6）参与航空器重复多发故障的研究。

8）中国民航管理干部学院航空器适航审定系

中国民航管理干部学院航空器适航审定系成立于 2008 年 7 月，主要负责适航审定领域的教育培训与科研咨询，特别是适航法规基础培训，开展航空产品审定程序与过程协调、航材管理与控制、航空工程人员管理与提高等领域的研究工作。

另外，民航局还将计划成立发动机适航审定中心，开展航空发动机和螺旋桨的适航审定相关工作。

在适航审定队伍建设方面，我国的适航审定系统在开始建设时，从航空工业部门引进了一批具有一定型号设计经验的工程师。民航局适航司在 2003 年以后多次组织了多个专业的适航审定培训,同时,适航审定工程师依靠在审查过程中的经验积累和在国际经验交流与合作中学习国际先进技术,提升自身审定能力。到目前为止,已经形成了一支200人左右、具有一定审定能力的适航审定队伍(包括退休返聘人员)。

2.6 其他国家的适航审定体系分析

2.6.1 俄罗斯的适航体系

俄罗斯有两个适航组织:俄罗斯航空委员会航空注册局(the Aviation Register of the Interstate Aviation Committee,IACAR),隶属于独联体民用航空飞行安全国家委员会,负责型号设计批准、航空产品的初始适航审定,并处理所有与航空器型号设计监视和持续适航产品相关的事件;俄罗斯联邦航空局(the Federal Aviation Authority of Russia,FAAR)负责在俄罗斯运行的所有航空器的持续适航审定相关事件(图2.5)。

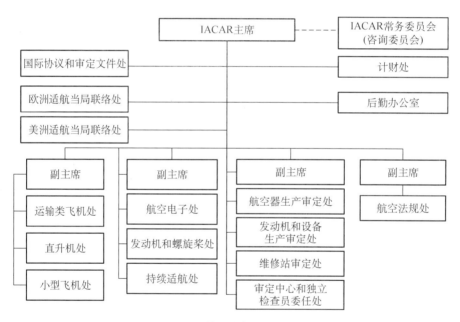

图2.5 俄罗斯航空注册局

俄罗斯航空注册局设置主席1人,副主席4人,并设有咨询委员会为主席提供咨询;注册局下设16个处,主席主管国际协议和审定文件处、欧洲适航当局联络处、美洲适航当局联络处、计财处和后勤办公室,其他4位副主席分别主管运输类飞机处、直升机处、小型飞机处、航空电子处、发动机和螺旋桨处、持续适航处、航空器生产审定处、发动机和设备生产审定处、维修站审定处、审定中心和独立检查员委任处和航空法规处。

2.6.2 巴西的适航体系

巴西民航工业在国际上是支线航空器制造业的领军者,具有适航审定技术发展的基础。

巴西民用航空署 ANAC,是巴西的民航管理机构,成立于 2006 年 3 月,总部设在巴西利亚,主要负责管理和监督民用航空安全方向的问题,履行前巴西民航(DAC)的职能。ANAC 的顶层管理人员由五名成员组成(其中之一是总裁),成员由巴西总统提名并经参议院批准。ANAC 下设适航管理部门。

2.6.3 加拿大的适航体系

加拿大适航审定体系与 FAA 也基本相似。

加拿大民航管理机构是加拿大航空运输局(CATA),隶属于加拿大运输部。其适航组织机构分三级。总部设在渥太华,全国设有 6 个地区办公室和 12 个地方办公室。

CATA 下设适航处,负责航空器、发动机、附件、设备等的设计批准(Design Approval,相当于 FAA 的型号合格审定)和公司批准(Company Approval,相当于 FAA 的生产许可审定)。

2.6.4 日本的适航体系

日本民用航空局(CAB)隶属于国土交通省(Ministry of Land, Infrastructure and Transport),主要负责航空器、机场和航空运输基础设施的检查,航空公司运行和维修系统的检查,国外注册飞机在日本机场的地面检查,保证航空交通安全,提高旅客便利和航空运输服务水平。

尽管日本已经设计生产有 YS-11 客机、FA200 轻型飞机、C-1 喷气运输机、钻石-1 公务喷气机等,并且日本为波音公司等设计制造了一些零部件,但是,由于日本航空工业的发展受到两方面的限制:国内民用和军用飞机的市场狭小;以及过去来自美国对其航空工业的遏制,日本几乎没有一家重要的飞机或发动机公司是专门经营航空产品的。大多数航空企业是规模庞大的重型制造公司的分公司。

2.7 国外民机制造商的适航队伍

各国民航规章对申请人的适航工作提出了要求。如中国民用航空规章 21 部要求航空制造企业在型号合格审定过程中要承担通过提交型号设计、试验报告和各种计算,开展制造符合性检查和符合性验证工作,证明产品符合规章要求的适航责任。

经过几十年的发展,欧美在民用航空设计制造领域积累的丰富的经验,已经建立了较强的适航意识,形成了较完善的标准、程序和文件体系,为民用航空产品的适航审定奠定了良好的基础,而这最集中体现在制造商的人力资源建设方面。分析欧美民机制造商的适航队伍现状及职能,研究借鉴其成功经验,对大型客机的商业成功大有裨益。

2.7.1 波音公司的适航队伍

拥有从航空器及发动机设计的科研技术储备、零部件的生产制造能力、到整机的组装工艺以及相关维修技术研发等一整套涉及航空产业的核心技术力量的美国,已经成为世界上基础雄厚、技术先进、产品丰富的航空制造业强国。美国在民用飞机制造业产业结构方面呈典型的"金字塔"结构,其"塔尖"就是波音商用飞机公司。波音凭借拥有雄厚的技术实力和巨大的市场份额,成为不仅在美国乃至世界民用航空业内的航空巨擘。"塔基"则是数量众多、充满活力、各具技术特点、产品和服务多样化、经济总额巨大的小型航空制造企业。这些小型航空制造企业并不依附于大的航空制造企业,而是独立提供从飞机、发动机、螺旋桨到各种机载设备、零部件和飞机加改装方案的各种航空产品和服务,成为美国航空工业不可或缺的一部分。

波音商用飞机公司的适航组织受波音公司副总裁直接领导,下设产品集成、产品研发、委任符合性验证机构、飞行运行、国际合作等部门。其中与适航验证密切相关的有产品集成、委任符合性验证机构两个部门。

1) 产品集成部门

产品集成部门负责为交付飞机的单机适航检查、产品后续技术支持、安全管理等工作。

2) 委任符合性验证机构

委任符合性验证机构根据适航规章要求建立,主要负责型号合格审定项目的管理和技术支持,其核心是通过适航代表参与到审定项目的流程管理和符合性验证技术评估的各个环节。

波音公司适航相关机构设置如图 2.6 所示(实线部分)。

2.7.2 空客公司的适航队伍

欧洲航空制造业的产业结构同样具备"金字塔"结构的特点,其"塔尖"是以空客公司为代表的、在欧洲跨国合作、拥有雄厚技术实力和巨大市场份额的航空制造业巨擘,而"塔基"是数量众多、充满活力、各具技术特点、产品和服务多样化、经济总额巨大的小型航空制造企业。与美国略有不同,这些小型航空制造企业往往作为大的航空制造企业的供应商来提供各种机载设备、零部件和飞机加改装方案。这些企业具备专业化的特点,在各自的领域具有独到的技术优势,成为航空工业进步与发展的基石和着力点。

欧洲空中客车公司按照欧洲的适航规章,建立了设计机构并且获得了欧洲航空安全局的设计机构批准。其设计机构主管由公司的首席执行官任命,直接受公司的首席执行官领导,其机构如图 2.7 所示。

在空客适航组织机构中,设有五个主要职能部门,其主要职责如表 2.5 所示。

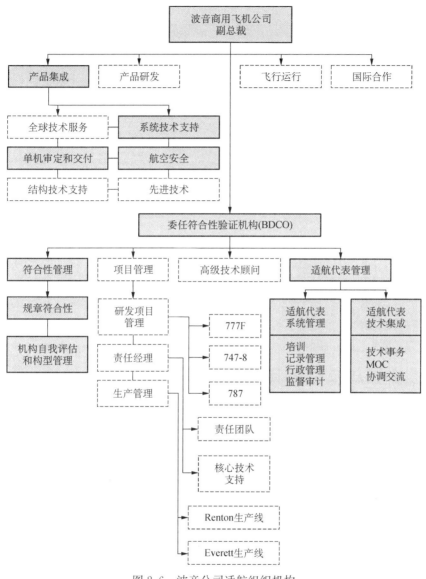

图 2.6　波音公司适航组织机构

表 2.5　空客公司职能部门

部门名称	主　要　职　责
设计办公室	负责产品的研发设计,人员主要包括负责研发设计的设计工程师和负责符合性确认的符合性验证工程师
试验办公室	负责飞行试验和地面试验工作
适航办公室	负责协调法国、德国、英国和西班牙空客公司的适航活动,负责包括 A320/330/340/380 飞机和正在研发的 A350 飞机的项目管理,负责单机适航审定等持续适航工作

（续表）

部门名称	主 要 职 责
设计保障系统监控办公室	负责设计机构手册编写、贯彻实施、执行内部监督和审计，以及外部资源管理
顾问办公室	负责相关产品技术和管理方面的咨询

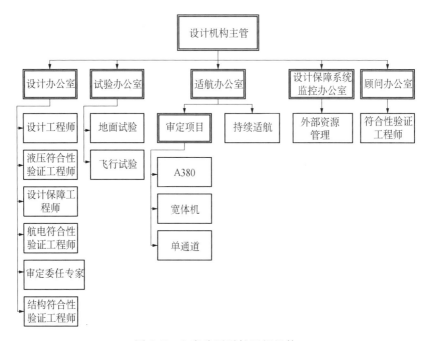

图 2.7　空客公司适航组织机构

空客公司的设计机构主要包括三大职能：设计职能、适航职能和设计机构批准的独立监督职能（表 2.6）。

表 2.6　空客设计机构的三大职能

名　称	主 要 职 责
设计职能	制定规范、设计、验证、集成，并提供符合适航和环境保护要求的证据
适航职能	定义审定基础和制定审定计划、审定型号设计、为交付进行单机适航审定、确保持续适航、验证符合性、声明符合性、行使设计机构批准权利、与适航当局协调
独立监督职能	确保机构符合 21 部 J 分部和设计机构手册、通过界面文档控制设计供应商、负责设计机构手册、控制适航签字、与局方设计机构批准管理部门协调

3 适航法规文件体系

3.1 适航规章体系特点

适航管理有一整套完整的适航法规、程序和文件。尽管各国的法规文件不尽相同，但为了有效开展适航审定工作，便于交流与合作，国际上已经形成了通行的适航法规文件结构。

适航审定法规文件体系一般包括两个层次：第一层次是国家颁布的法律、行政法规，以及民用航空主管部门发布的民用航空规章（包括适航管理规章和适航审定标准）；第二层次是为执行第一层次的法律、法规、规章而制定的实施细则，包括咨询通告、管理程序、管理文件等。

在具体审定工作中经常用到第二层次的咨询通告、管理程序、管理文件等，这些完善、翔实的解释性、指导性、支撑性文件材料，是开展适航审定工作不可缺少的手段和依据。

适航标准与其他标准不同，是国家法规的一部分，在民用航空器设计、制造、使用及维护的整个寿命周期都必须严格遵循。

下面将分别介绍 FAA，EASA 以及 CAAC 的适航法规文件体系。

3.2 FAA 适航法规文件

FAA 基础性法规文件的编制成熟、完善，颁布的各类咨询通告、工作程序、手册、指南等支持性资料丰富、实用，且持续更新。

FAA 根据联邦航空法规定的"制订并及时修订对航空器、发动机和螺旋桨的设计、材料、工艺、结构和性能的安全所必需的最低标准"这一职责，制订并颁布了联邦航空条例等一系列规章和文件，形成了完整的适航审定法规文件体系。FAA 的适航文件体系可分为两类：一类属法规性文件，如联邦航空条例（FAR）、特殊联邦航空条例（SFAR）、专用条件（SC）、适航指令（AD）、技术标准规定（TSO）等；另一类属非法规性文件，如咨询通告（AC）、指令（Order）、通知（Notices）、指导材料（Guidance Material）、政策（Policy）、备忘录（Memo）、手册（Handbook）和指南（Manual）等。

FAA 在"立法定标"方面始终是国际适航审定领域的领军者，美国良好的航空安全管理效果离不开 FAA 在适航标准制定方面的努力。随着航空工业的技术发展和民用航空安全飞行经验的积累,FAA借助其完善的适航审定法规文件、丰富的适航审定经验、强大的适航审定能力,以及完善的适航验证设施,持续修订和完善适航标准,满足公众对航空运输的安全需求,在适航标准国际化方面做出了重要的贡献。

除完善的适航法规外,FAA在用于指导具体工作的文件编制方面也体现出其体系的成熟性。FAA颁布的各类咨询通告、工作程序、手册、指南等支持性资料丰富、实用,且保持更新。截止到2009年年底,仅适航管理和工作程序、适航政策就达237份,在运输类飞机方面有指导工业方实施符合性验证的指导材料125份,带动航空相关产业发展的TSO技术标准150项左右。完整的法规文件为开展适航工作提供了有力的保障。

FAA有一个很重要的部门,即航空立法咨询委员会(ARAC)。ARAC是由航空各界代表组成的正式的咨询委员会,于1991年由FAA正式成立,职责为在立法方面向FAA提供工业界观点、信息、建议和意见,向FAA提供所有与安全相关立法活动的建议和推荐材料,为法规的制定、修改提供了参考。正是由于ARAC的工作,FAA的适航法规体系能够始终保持与民用航空技术的发展相适应,与公众的安全需求相适应。

3.2.1　联邦航空条例

美国联邦航空条例(FAR)是联邦航空局为保证民用航空安全而制定和颁发的,其内容包括对航空器、发动机、螺旋桨及各种机载设备从设计、制造到使用、维修等全过程的各种技术要求和管理规则,还包括航运公司和航空人员、机场、空中交通管制、维修站等各个方面,是联邦航空局的主要法规,是必须遵守的法令。与适航审定有关的条例主要包括以下内容:

(1) FAR 1部　定义和缩略语。

(2) FAR 11部　航空条例制定的一般程序。

(3) FAR 21部　产品和零件的合格审定程序。

(4) FAR 23部　适航标准:正常类、实用类、特技类和通勤类飞机。

(5) FAR 25部　适航标准:运输类飞机。

(6) FAR 26部　运输类飞机的持续适航和安全改进。

(7) FAR 27部　适航标准:正常类旋翼飞机(小型旋翼)。

(8) FAR 29部　适航标准:运输类旋翼机(大型旋翼)。

(9) FAR 31部　适航标准:载人自由气球。

(10) FAR 33部　适航标准:航空发动机。

(11) FAR 34部　涡轮发动机飞机燃油排泄和排气污染要求。

(12) FAR 35部　适航标准:螺旋桨。

(13) FAR 36部　噪声标准:航空器型号和适航合格审定。

(14) FAR 39部　适航指令。

(15) FAR 43部　维修、预防性维修、翻修和改装。

(16) FAR 45 部　识别标记和注册标志。

(17) FAR 91 部　运行和飞行的一般规则。

(18) FAR 101 部　系留气球、风筝、无人火箭和无人气球。

(19) FAR 103 部　超轻型飞行器。

(20) FAR 119 部　审定:航空承运人及商业营运人审定。

(21) FAR 121 部　运行规定:国内,国旗和补充航空承运人及商业营运人。

(22) FAR 125 部　审定与运行:载客量 20 人以上或最大商载 6 000 lb 以上的飞机。

(23) FAR 129 部　运行:使用美国注册航空器从事公共运输的外国航空承运人和外国营运人。

(24) FAR 133 部　旋翼机外挂载重运行。

(25) FAR 135 部　出租航空营运人与商业营运人。

(26) FAR 137 部　农业航空器的运行。

(27) FAR 145 部　修理站。

(28) FAR 147 部　航空维修技术人员学校。

其中,通常情况下与运输类飞机型号合格审定相关的适航条例主要包括下面 5 部:

(1) FAR21 部　产品和零部件合格审定程序。

(2) FAR25 部　适航标准:运输类飞机。

(3) FAR33 部　适航标准:航空器发动机。

(4) FAR34 部　涡轮发动机飞机的燃油排泄和排气污染要求。

(5) FAR36 部　噪声标准:航空器型号和适航合格审定。

此外,还包括一部分与营运有关的 FAR 91 和 121 部的相关要求。

3.2.2　修正案

联邦航空条例修正案(Amendment)的正文也是法规性文件之一,是联邦航空条例有效版本的组成部分,其目的在于不断完善联邦航空条例有效版本的组成部分。

针对上述与运输类飞机研制相关的 5 部 FAR 条例,现在共颁布了 283 个修正案。各部适航条例所颁布的修正案数量具体如下:

(1) FAR21 部　共 92 个修正案。

(2) FAR25 部　共 132 个修正案。

(3) FAR33 部　共 28 个修正案。

(4) FAR34 部　共 3 个修正案。

(5) FAR36 部　共 28 个修正案。

3.2.3　技术标准规定

技术标准规定(TSO)是美国联邦航空局(FAA)为民用航空器、航空发动机和螺旋桨上使用或安装的重要通用材料、零部件和机载设备所制定的最低安全要求。

TSO 原为 FAR37 部,包括管理程序和最低性能标准两部分,均属于条例的一部分。

截止到 2008 年 12 月,美国联邦航空局(FAA)共颁布有自动飞行、辅助动力、电池、装货设备、防撞与气象预报、通信设备、电气设备、客舱设备、撤离和救生设备、防火设备、燃油滑油和液压油设备、加热器、软管组件、发动机和飞行仪表、起落架、灯、导航设备、氧气设备、零组件,以及记录仪系统等共计 20 类 145 种设备的现行有效的 150 份 TSO。

3.2.4 咨询通报

咨询通报(AC)由美国联邦航空局(FAA)发布,是对相应联邦航空条例(FAR)中的条款进行符合性验证的可接受验证方法,是美国联邦航空局(FAA)向公众推荐的一种具有建议性或指导性的文件,不具备强制性。

据统计,FAA 咨询通告文件有 12 个 AC 系列,对应 14 CFR 的 Chapter Ⅰ 的 A,B,C,D,E,F,G,H,I,J,K 各分部和 Chapter Ⅱ 的 A,B 分部;共有 52 个子系列,基本与 14 CFR 下的各 Part 对应。截至 2010 年 11 月 30 日,FAA 针对 14 CFR 发布的现行有效 AC 共计有 791 份。

3.2.5 指令

指令(Order)是美国联邦航空局(FAA)对其工作人员进行内部指导的文件,目的在于使工作人员能够很好地履行自己的职责,并在实施条例时保持执行政策的一致性。Order 虽不是法规性文件,但是一种指令性文件,FAA 工作人员必须按其执行。截止 2010 年 11 月 30 日,FAA 颁布的现行有效的 Order 共计 228 份。

3.3 EASA 适航法规文件

EASA 法规体系分为三层:第一层是基本法(欧盟规章 1592/2002 号);第二层是实施法规(Implementing Rules);第三层包括可接受符合性材料(AMC)、指导材料(GM)、合格审定规范(Certification Specification,CS)(见图 3.1)。

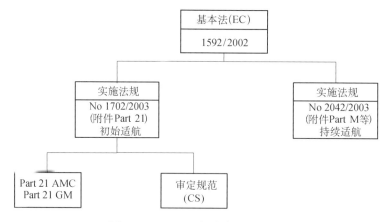

图 3.1 EASA 适航审定法规文件

基本法是为保证航空安全和环境持续发展制订的通用规则和要求。基本法赋予了欧盟强制实施法规的权利。

按照规划,实施法规分为四个部分:初始适航、维修、运行和环境保护。到目前,仅有初始适航(即 No.1702/2003,包括附件 Part 21:航空器和相关产品、零部件的适航和环境审定以及设计和生产机构审定)和维修两部分已经完成。

第三层包括了原 JAR 法规文件中 21 部的可接受符合性材料/指导材料,同时包括除 JAR 21 部外的其他适航标准(JAR 23,25,27 等),并将其转化为合格审定规范(CS)。将审定规范与适航管理规章 Part 21 部分层设立,相比原 JAR 的体系结构更为合理。

已经颁布的审定规范主要有:

(1) CS‐22 滑翔机和动力滑翔机。

(2) CS‐23 正常类、实用类、特技类和通勤类飞机。

(3) CS‐25 大飞机。

(4) CS‐27 小旋翼机。

(5) CS‐29 大旋翼机。

(6) CS‐34 航空器发动机排出物和燃油排泄。

(7) CS‐36 航空器噪声。

(8) CS‐APU 辅助动力装置。

(9) CS‐AWO 全天候运行。

(10) CS‐E 发动机。

(11) CS‐ETSO 欧洲技术标准规定。

(12) CS‐P 螺旋桨。

(13) CS‐VLA 甚轻型飞机。

(14) CS‐VLR 甚轻型旋翼机。

和 FAR 不同,EASA 的审定规范除法规正文外,还包含可接受的符合性方法(AMC)或/和指导材料(GM)。AMC 给出了审定规范要求的可接受的符合性验证方法,这种方法不是唯一的,也不是强制性的。GM 是对审定规范或章程要求的说明。

3.4　CAAC 适航法规文件

20 世纪 80 年代,民航局以《国际民用航空公约》的有关附件为基础,以美国联邦航空条例(FAR)为主要参考内容,吸收民航局已经发布的规章和文件的适用部分,开始进行适航立法的工作。经过多年努力,适航管理法规和文件体系已基本建立,适航管理工作已有法可依。

适航管理法规和文件体系分为两个层次(见图 3.2):第一层次是法律、行政法规和规章;第二层次是为执行第一层次的法律、行政法规和规章而制定的实施细则。

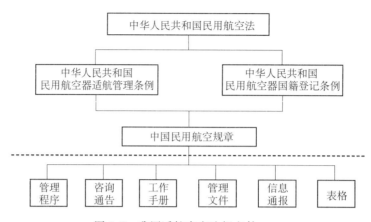

图 3.2　我国适航审定法规文件

目前,第一层的民用航空适航法律包括:

(1)《中华人民共和国民用航空法》,由全国人民代表大会常务委员会通过、国家主席签署、主席令发布的法律,其中规定了民用航空器适航管理工作的主要内容、范围,任何从事民用航空活动的单位和个人必须遵守。

(2)《中华人民共和国民用航空器适航管理条例》和《中华人民共和国民用航空器国籍登记条例》,由国务院常务会议通过、国家总理以国务院令发布的关于民用航空行政法规,对民用航空器适航管理的宗旨、性质、范围、权限、方法、处罚等给出了明确规定,对航空器的注册登记条件和程序、国籍标志、登记标志等给出了明确规定。

(3)《中国民用航空规章》,由国务院民用航空主管部门——中国民用航空局民航局制定,由局长以民航局令发布,是涉及民用航空活动的、具有法律效力的专业性管理规章,凡从事民用航空活动的任何单位或个人都必须遵守其各项规定。我国从1985 年开始参照 FAR,逐步制定了和 FAR 相当的、比较完整的适航审定规章。

适航审定规章按其内容和性质可以分为管理类规章和标准类规章。管理类规章主要是管理性审定监督规则,明确而详细地规定适航管理的实施程序和方法等。适航管理类规章包括:

(1)《民用航空产品和零部件合格审定规定》(CCAR - 21)。

(2)《民用航空器适航委任代表和委任单位代表的规定》(CCAR - 183)。

标准类规章是针对民用航空产品的技术性适航标准,把国家的航空安全政策具体细化和法律化,使适航管理有严格的技术性法律依据。标准类规章是一类特殊的技术标准,是民用航空产品和零部件的最低安全标准。

我国已经颁布的标准类规章包括:

(1)《正常类、实用类、特技类和通勤类飞机适航标准》(CCAR - 23)。

(2)《运输类飞机适航标准》(CCAR - 25)。

(3)《运输类旋翼航空器适航规定》(CCAR - 29)。

（4）《正常类旋翼航空器适航规定》（CCAR-27）。

（5）《载人自由气球适航规定》（CCAR-31）。

（6）《航空发动机适航标准》（CCAR-33）。

（7）《涡轮发动机飞机燃油排泄和排气排出物规定》（CCAR-34）。

（8）《螺旋桨适航标准》（CCAR-35）。

（9）《航空器型号和适航合格审定噪声规定》（CCAR-36）。

（10）《民用航空材料、零部件和机载设备技术标准规定》（CCAR-37）。

（11）《民用航空器适航指令规定》（CCAR-39）。

（12）《民用航空用化学产品适航管理规定》（CCAR-53）。

（13）《民用航空油料适航管理规定》（CCAR-55）。

第二层次的规范性文件由民航局适航部门——航空器适航审定司发布，其中包括：适航管理程序、咨询通告、工作手册、管理文件、信息通报、表格等。

适航管理程序简称 AP，是适航审定部门下发的有关民用航空规章的实施办法或具体管理程序，是民航适航审定系统工作人员从事管理工作时应遵守的规则，也是民用航空器设计、制造、使用和维修的单位或个人从事民用航空活动应当遵守的行为规则。

我国已经颁布的适航管理程序包括：

（1）AP-00-AA-2007-01R1 适航审定人员培训管理程序。

（2）AP-00-02 航空器适航部门代号和适航检查员代号及印章与名片的要求。

（3）AP-01-02R1 适航规章及法规性文件的制定和修订程序。

（4）AP-21-01R2 进口民用航空产品和零部件认可审定程序。

（5）AP-21-02 关于国产民用航空产品服务通告管理规定。

（6）AP-21-03R3 型号合格审定程序。

（7）AP-21-04R3 生产许可审定和监督程序。

（8）AP-21-05R1 民用航空产品和零部件适航证件的颁发和管理程序。

（9）AP-21-06R3 民用航空材料、零部件和机载设备的合格审定程序。

（10）AP-21-07 民用航空产品和零件适航证件的编号规则。

（11）AP-21-08 仅依据型号合格证生产的审定和监督程序。

（12）AP-21-09 进口航空产品及其零件的制造符合性检查。

（13）AP-21-10 批准放行证书/适航批准标签的使用程序。

（14）AP-21-11 中国 MD-90 项目航空器合格审定系统评审大纲（试行）。

（15）AP-21-12 生产制造主管检查员工作程序。

（16）AP-21-13 代表外国适航当局进行生产监督的工作程序。

（17）AP-21-14 补充型号合格审定程序。

（18）AP-21-15 进口民用航空器重要改装设计合格审定程序。

（19）AP－21－16 民用航空发动机失效、故障和缺陷信息处理程序（暂行）。

（20）AP－21－AA－2009－17 ARJ21 飞机预投产管理规定。

（21）AP－21－AA－2009－18 认可审查资料归档管理程序。

（22）AP－21－AA－2009－19 美国民用航空产品和 TSO 件认可审定程序。

（23）AP－39－01R1 适航指令的颁发和管理。

（24）AP－45－01R2 民用航空器国籍登记程序。

（25）AP－55－01 民用航空燃料供应企业适航审定程序。

（26）AP－55－02 民用航空油料检测单位适航审定程序。

（27）AP－183－01 工程委任代表委任和管理程序。

（28）AP－183－02 生产检验委任代表委任和管理程序。

适航咨询通告简称 AC，是适航部门向公众公开的对适航管理工作的政策，以及对民用航空规章条文给出的具有普遍性的技术问题的解释性、说明性和推荐性文件或指导性文件。对于适航管理工作中的某些普遍的技术问题，也经常采用咨询通告的形式，向公众公布适航部门可接受的处理方法。

我国已经颁布的适航咨询通告包括：

（1）AC－00－01 双边适航协议及民用航空技术合作谅解备忘录的制定程序和协议汇编。

（2）AC－01－AA－2007－01R16 发布的适航规章及规范性文件目录。

（3）AC－20－01 关于在中国注册的航空器上使用经 FAA 批准的 PMA 产品实施更换或改装的管理办法。

（4）AC－21－01 发现和报告未经批准的航空零件。

（5）AC－21－02 机载系统和设备合格审定中的软件审查方法。

（6）AC－21－04 供应商的监督。

（7）AC－21－05 初级类航空器适航标准——甚轻型飞机。

（8）AC－21－06 初级类航空器适航标准——超轻型飞机。

（9）AC－21－07 初级类航空器适航标准——滑翔机和动力滑翔机。

（10）AC－21－08 载人自由气球适航标准。

（11）AC－21－09 飞艇适航标准。

（12）AC－21－10R6 已获批准的民用航空产品目录。

（13）AC－21－11R2 民用航空器及航空发动机型号书写指南。

（14）AC－21－12 初教六型军转民用飞机适航检查程序（暂行）。

（15）AC－21－13 在 RVSM 空域实施 300m（1000ft）垂直间隔标准运行的航空器适航批准。

（16）AC－21－AA－2007－14 航空器内外部标识和标牌。

（17）AC－21－1317 航空器高强辐射场（HIRF）保护要求。

（18）AC－21.25 运输类飞机持续结构完整性大纲。

（19）AC-23-01R1 中国民用航空规章第 23 部修订的编制说明。

（20）AC-25-01R2 中国民用航空规章第 25 部修订说明。

（21）AC-25.733-1 国产轮胎在进口运输类飞机上装机批准技术要求。

（22）AC-25.735-1 刹车磨损限制要求。

（23）AC-25.1191-1"1301"固定灭火瓶的批准。

（24）AC-25.1301-1 获得 CTSOA 的航空集装单元在运输类飞机上的安装批准。

（25）AC-25.1529-1 审定维修要求。

（26）AC-37-01 中国民用航空技术标准规定汇总（草案）。

（27）AC-183-01 生产检验委任代表工作程序手册编写指南。

适航管理文件（MD），是适航司下发的暂行规定或者就民用航空管理工作的重要事项做出的通知或决定。工作手册（WM）是适航司下发的规范从事民用航空管理工作人员具体行为的文件。信息通告（IB）是适航司下发的反映民用航空活动中出现的新情况以及有关民用航空的法律、行政法规、规章的制定和执行情况或者对民用航空管理工作中存在的问题以及国内外有关民航技术上存在的问题进行通报的文件。表格（CH）是由适航司以表格形式印刷下发的各种申请书、证件或者要求填报的表格等。

3.5　适航法规文件的特点

3.5.1　强制性

适航法规体系的上位法是《民航法》，依据《民航法》制定的适航标准和审定监督规则，既是现代民航科技成就的体现，又具有国家法律效力。所有的适航规章、标准都是法规的一部分，带有强制性，是必须执行的，任何从事民用航空活动的人必须严格遵守。

从法规属性出发，对适航法规的执行带有强制性。美国联邦航空条例（FAR-Federal Aviation Regulations）本身就是法规，列入联邦航空法典（CFR-Code of Federal Regulations）。英国、欧洲联合航空局和原苏联的适航标准都是具有法规性质的强制性要求。中国的适航标准和适航管理规则两方面的内容，均列入《中国民用航空规章》。《中国民用航空规章》是为实施《航空法》和《中华人民共和国民用航空器适航管理条例》，由国务院民用航空主管部门——中国民用航空总局制定、发布的涉及民用航空活动的专业性管理规章。《中国民用航空规章》是具有法律效力的管理规章，凡从事民用航空活动的任何单位和个人都必须遵守《中国民用航空规章》中的各项规定。

从法规内容出发，适航标准原本就是为政府管理部门或授权管理部门对航空器的安全性进行控制而制定的。该安全性涉及公众生命财产安全，因此也是强制、必须执行的。

3.5.2　国际性

适航标准因其应用领域的特性而具有鲜明的国际性特点。

民用航空器既是国际间运输的重要工具,又是国际市场上的重要商品。民用航空从起步,其发展就带有强烈的国际性。无论是航空产品的进出口,还是航空器设计生产日趋国际化的潮流,都决定了对适航法规体系相应的国际性要求。差异过于严重,将导致在安全性方面各国有不同的标准,一方面难以保证世界民用航空整体的安全性水平,另一方面,对于各国航空工业也造成一定程度的不平等,并可能带来额外的工作。

因此,国际航空领域上积极扩大国际交流和协调,制定在国际上能得到普遍承认的适航标准。在此方面,美国 FAA 和欧洲 EASA 开展了 10 多年的适航标准协调工作,目前各国适航要求基本等同。

3.5.3　完整性

适航法规体系的完整性包含着整体完整性和过程完整性两个方面,即适航法规体系既贯穿于和航空活动相关的各个专业领域,也贯穿于材料、设计、制造、运营整个过程。

整体完整性是指航空器整体与航空器部件或子系统性能的整体性与操纵特性。适航法规体系必须考虑和要求满足系统工程的整体性。有时局部的改变会影响全局,即牵一发而动全身。对航空器整体来说,新部件的选用,新材料、新工艺、新技术的采用,都必须从影响航空器整体性与操纵特性的角度予以考虑。

过程完整性是指对航空器从设计、制造、使用和维修、直到退役全过程实施提出以安全为目的的、统一的闭环式的用于审查、鉴定、监督的适航法规体系。把上述各环节的知识、技术、经验、信息和要求有机地结合,相互补充和利用,是保证民用航空器不断改进和发展、始终处于良好的适航状态的强有力的措施。

3.5.4　公开性

从适航标准本身内容来看,它体现了整个人类对航空安全的祈求,反映了 100 多年人类航空实践的安全成果,是没有知识产权限制的宝贵知识成果。虽然有强烈的技术性,但不应该受到国别的限制,世界各国的公众都有享有同等安全的航空水平的权利。因此,各国的适航标准都是相互公开的。

此外,适航标准的公开性还体现在公众对适航标准的可见度和参与性上。由于适航标准的修订将关系到其工业界的利益、关系到广大公众的安全利益,各国的适航标准对其工业界、广大公众均为开放的,并且适航标准的修订过程允许公众的参与,给出意见,甚至是由公众提议进行修订。在立法修订过程中将通过合理的程序给了充分的时间发表公众的意见。

3.5.5　动态性

适航标准是动态发展的,其演变是一个根据各种因素的变化不断持续地修订和完善的过程。同时这种动态发展体现出适航标准的实时性。以 FAR25 部为例,截止到 2010 年 11 月共修订了 132 次。新申请的项目要适时符合新修订的标准。

适航标准修订的原因可能为:

(1) 安全事故。

导致安全事故的原因可能是设计上的问题或规章约束不够,对于这种已经在实际运行中体现出来的适航标准缺陷,需要及时纠正,避免悲剧的再次发生。

(2) 设计中新技术、新材料的应用。

随着航空科技进步和民用航空的发展,新的设计思想与方法、新的材料、新的验证技术等等都随之出现。原有的标准内容所对应的技术手段可能早已被淘汰,而新的技术手段没有体现在规章要求中,必须不断地改进原有的适航要求和增加新的适航标准。

(3) 国际适航合作与协调。

为在保证安全性的前提下提高产品经济性,FAA 与 EASA 实施适航规章协调而引起的修订。

适航规章的动态性和实时性有两种体现方式:

(1) 以修正案的形式更新适航标准,以提高相应航空产品的安全性。

以适航标准 25.571 条款的发展为例,该条款自 1965 年首次颁布 FAR25 部至今总共经过 7 次修订,这 7 次修订对应的修订案分别是 1966 年生效的第 25 - 10 号修正案、1970 年生效的第 25 - 23 号修正案、1978 年生效的第 25 - 45 号修正案、1980 年生效的第 25 - 54 号修正案、1990 年生效的第 25 - 72 号修正案、1996 年第 25 - 86 号修正案和 1998 年生效的第 25 - 96 号修正案。每次修订都建立在航空事故调查研究,或在航空工业技术进步的基础之上。

(2) 以适航指令(AD)的方式及时要求对设计缺陷进行修正。

当发现某一个或某一类民用航空产品存在不安全的状态时,需要以适航指令的方式规定强制性的检查要求、改正措施或使用限制,并要求在限定时间内完成相应工作。适航指令体系是在航空器投入运行且发现设计或制造缺陷后,最为有效的管理手段,我国适航当局每年针对不同机型颁发多份适航指令。

3.5.6 案例性

我国适航标准的制定主要以美国 FAR25 部内容为依据。FAR 规章属于海洋法系,实际营运中的案例可以作为其法的渊源,以民用航空的实践,尤其是空难事故调查结果为背景的。其修订过程即采用修正案的形式,针对运营过程中出现的问题或由于设计中新技术的应用,针对相关规章给出修订建议,在广泛征求各方意见之后,做出采纳建议的决定,并随之生成相应的修正案、咨询通告、程序或指导性资料等文件。对每一条款的修订都可以由其更改追溯到源头的触发事件(安全或技术)以及对安全的影响。这保证了其审定人员以及工业界设计人员都能够对每项法规的要求有深入的理解和认同,促进适航性更好地得到保证。

在 FAR25 中,除部分由早期适航标准沿用下来的条款似乎与空难事故无直接的联系之外,其他近二三十年来新增加的条款几乎无一例外地与空难事故有直接的联系。适航标准又是在大量试验研究的基础之上制定的。例如 25 - 64 修正案对座椅、约束系统和连接结构的动力试验的要求。考虑到在飞机应急着陆时或其他轻度坠损情况下,座椅、约束系统和连接结构在动载作用下损坏而致使乘员受伤或丧生的情况时有发生,为提高在上述情况下乘员的存活率,美国联邦航空局早在 20 世纪 60 年代就开始飞机适坠性的研究。曾经进行了大量的大小型飞机整机或舱段的坠损试验,并测定拟人模型所承受的动载。最后确定了 FAR25.562 款中所要求的试验评定方法。此外,适航性标准所规定的符合性方法也是务实的。符合适航标准的方法按重要性程度又分为试验、经验、分析计算等方式。

以 25.571 条款为例,该条款从 1965 年的初始规章到 1978 年,条款名称为“航空器结构疲劳评定”。从 1978 年第 45 号修正案开始,条款名称改为现在的“结构的损伤容限和疲劳评定”。

25.571 条款对于航空器结构的抗疲劳设计要求最初源于英国“彗星号”客机的连续事故。“彗星”客机由英国哈维兰公司研发生产,并于 1949 年首航、1952 年投入航线运营,采用客舱密封增压,是世界上第一架喷气式客机。但在随后两年多的时间内,先后有三架飞机发生灾难性的事故。经调查发现事故原因是在飞机窗户拐角处的应力集中引起的疲劳裂纹,致使增压机身空中解体破坏。而这之前,国际公认的设计要求只是在静强度设计中考虑适合的安全系数。事故表明,这样的安全系数对于压力反复变化的机身结构来说,远远不够。“彗星”号事故的教训使得航空工业部门和政府部门对飞机结构与材料的疲劳破坏重视起来,将飞机结构的疲劳强度要求正式列入飞机结构强度设计规范,提出了“安全寿命”设计的概念。因而 1965 年颁布的 FAR25.571 条款明确要求,座舱及相关部件必须进行循环增压载荷和其他气动载荷共同作用的疲劳试验。该条款还进一步提出了破损安全强度的概念,即如果某一主要结构件(principal structural element)失效,剩余结构必须能够承担规定的载荷而不出现灾难性的失效或者过大的变形,这也是飞机结构“破损安全”设计的基本要求。

后来人们认识到,金属结构在声频交变负载的反复作用下会产生裂纹或断裂。于是在 25 - 10 号修正案中提出“声疲劳”的概念,对装有涡轮喷气发动机的飞机,要求不允许产生声疲劳裂纹,并给出了声疲劳的验证要求。

从 1969 年开始,美国空军的 F - 111、F - 5A、KC - 135 等战机连续失事,经调查发现,起因为机翼在制造或使用过程中产生而未被检出的微小裂纹。这种微小裂纹在循环载荷作用下不断扩展,并最终发展成为危险性的临界裂纹,导致结构疲劳破坏。为此,美国空军在 1974 年颁布了飞机结构“损伤容限”设计规范,FAA 随后在 1978 年通过修正案 25 - 45 修订了 25.571 条款,增加了损伤容限的要求。即假设飞机在开始服役时,结构中存在一定程度的未被发现的初始缺陷、裂纹或其他损伤,要求通过损伤容限分析与试验,确定检查周期和检查方法,确保这种初始缺陷等发展成为危险性的临界裂纹之前被检查出来,避免发生灾难性的破坏事故。

随后25.571条款还经过几次修改。其中比较有名的是1998年提出的25-96修正案,该修正案提出了飞机结构"广布疲劳损伤"及其评定,要求对可能产生广布疲劳损伤的结构,必须用充分的全尺寸疲劳试验依据来证明在飞机的设计使用目标寿命期内不会产生广布疲劳损伤。广布疲劳损伤的概念源于阿罗哈事件。1988年4月28日,美国阿罗哈航空的B737-200型飞机在7 300 m高空,一段长达18 ft(1 ft=0.304 8 m)的机身上部结构被掀掉,造成瞬间客舱释压,一名机组人员被抛出舱外。这架飞机已经飞行89 690次循环,早已超过设计寿命75 000次循环。FAA、制造商和航空公司进行了联合调查,认为这次事故的主要原因是飞机的老龄化导致的广布疲劳损伤与腐蚀问题。FAA在充分研究论证的基础上,于1996年提出了第96号修正案,将抗广布疲劳损伤设计要求纳入到571条款,同时在1998年修订发布了AC25.571-1C,为571条款的审定和符合性验证提供指导。

通过上述过程的描述可以看出,适航条款的要求背后都有其存在的安全性理由并时常伴随着技术原因甚至惨痛的教训。

3.5.7 基本性

使用适航标准对民用航空器进行安全性方面的约束,其宗旨为:
(1)保障民用航空安全。
(2)维护公众利益。
(3)促进民用航空事业的发展。

因此,在适航标准的制定过程中,需要考虑的不仅仅是民用航空器的适航性,还有其经济性。如果片面追求经济性而安全得不到保障,飞机失事将造成巨大的经济和生命财产的损失。如果不切实际、不得要领地盲目追求安全性,超过必要的安全裕度,则不利于民用航空工业和营运业的发展。

为此,适航标准又称为最低安全标准。"最低"有两层含义,一是表明该标准是基本的、起码的;二是表明该标准是经济负担最轻的。适航标准中处处都体现经济与安全的平衡性。例如适航标准中经常出现"将……危险减至最小"的词句。其含义是将某种危险降低到最低可接受水平。即是说若进一步降低,则为此种危险所付出的代价会显著超过在安全性方面收益这样的一个平衡点。目前,国际上的设计制造商在设计制造中基本都高于适航要求,航空活动的安全记录也证明了这一点。

3.5.8 稳健性

由于适航标准关系到人的生命和财产的安全,因此制定时应采取审慎、稳健的态度。从某种意义上来说,适航标准只反映已被证实的、成熟的航空科学技术,而不反映最新的进展。例如1985年"应力强度因子"概念提出之后,断裂力学发展很快并得到广泛应用。然而迟至20年之后,损伤容限评定方法才进入适航标准之中。事实上对新颖或不同寻常的设计特点,或者制造者的新材料、新工艺、新技术,在适航部门未确实判明其对航空器适航性有何影响之前,一般持谨慎的态度。对前者,须发专用条件予以限制;对后者,须予以鉴定和批准。

从适航标准制定的程序中也可看出在对标准更改、更新时所采取的谨慎度。根据规定,FAA 的规章修订流程必须符合"行政管理程序法案(APA)"、FAR11 以及运输部(DOT)规章制定的政策和程序的要求。立法程序要求:

(1) 建议修订的规章条文或内容首先应以通告的形式在《联邦注册报》(FR)上予以公布(如公布"立法建议通告(NPRM)"),以保证实施任何规章修订之前彻底考虑到公众提交的全部信息和意见(但如果 FAA 有充分理由认定事先征求公众意见是不实用的、不必要或违背公众利益的,则通告规定就不适用。)

(2) 在通告发布之后,必须留给公众充分的时间提出对法规草案的意见,并且最终法规(Final Rule)在生效的至少前 30 天在《联邦注册报》上公布。

(3) 在法规最终公布时应将法规修订的充分理由作为法规的一部分同时公布。

(4) 法规修订在考虑各方面安全、技术因素的同时,还必须衡量其成本影响,如工业界实施修订的直接成本、对小经济实体的实质影响,以及是否影响 FAA 与政府之间的关系。

(5) 法规的生效以修正案的形式确定。

在 FAA 的立法职能中很重要的一个部门是航空立法咨询委员会(ARAC)。ARAC 是由航空各界代表组成的正式的咨询委员会,于 1991 年由 FAA 正式成立,职责为在立法方面向 FAA 提供工业界观点、信息、建议和意见,向 FAA 提供所有与安全相关立法活动的建议和推荐材料,以帮助更好地制定法规并减少总体时间和 FAA 资源。ARAC 的相关工作和报告提供了关于受现行和建议法规影响最大的法规使用者想法的一手资料,为法规的制定提供了参考。正是由于该委员会职责的存在,FAR25 部能够始终保持与实际民用航空技术的发展相适应,与公众的安全需求相适应。

该委员会有 64 个成员组,广泛代表航空界各方的利益,并向公众开放其会议。ARAC 通过工作组来制定用于解决专门适航事务的推荐材料。针对于 FAR25 部也有对应的事务/工作组。工作组的任务发布在 FR 中,工作组将报告直接交给 ARAC,通过 ARAC 再提交给 FAA。当然,FAA 对法规的修订不仅限于由 ARAC 推荐的规章。

通过上述流程,FAA 在整个立法过程中能够形成一整套的从背景原因、目的、到最终采纳意见、结论和分析的完整的文件体系,同时还有相应的修正案、AC、order,policy,guidance material 等输出。这为 FAA 的审定人员深入理解规章要求提供了充足的信息资源,从而使其审定工作能够顺利开展。

总之,适航法规要求是人类航空安全活动共同的财富,是没有知识产权限制的宝贵知识,是我国民机产业走向世界的重要知识源泉之一,是民用航空产业可持续发展的基石。

4 申请人/持证人和局方的责任和义务

4.1 公众的选择与国家的适航管理体系

安全是第一位的,公众享有安全出行的权利。公众可以选择飞机、铁路、公路、水运等不同类型的交通方式。在选择乘坐飞机时,可以选择不同的航空公司,不同型别的飞机,不同的航班。国家有责任,确保其交通体系处于安全运行状态。安全、舒适、环保的交通体系,也是相关工业产业健康发展的基础。

当公众对某种型号、某家航空公司的相关信息比较清楚时,它们可以自己去选择是否去买票并乘坐这家航空公司的某个航班,可以称之为"用脚投票"。这些影响因素主要有:

(1) 航空公司的票价。

(2) 飞机的舒适性。

(3) 航班是否准时。

(4) 航空公司/飞机型号的安全记录。

(5) 航空公司的服务水平等。

如果对以上这些问题不满意,公众可以不买这家航空公司,或者某个航班的机票,改乘其他飞机,或者改用其他交通工具。

因此,在现代的飞机设计中,民用设计制造商非常注重公众的意见,在研发新产品前,要作系统的市场调研,充分了解公众不断提高的需求,并在概念设计中给予充分考虑。在产品设计阶段,同样重视航空公司的意见,航空公司代表公众,对飞机制造商提出具体的技术需求。所以民机制造商必须满足用户的需求,让用户满意,才能实现产业成功。

例如,波音公司一直重视航空公司客户的意见,建设有循环的意见反馈系统。航空公司提供的宝贵信息被反馈回来,有助于波音不断改进飞机设计、生产流程以及对现役机队的技术支持。在对所有新型波音飞机进行检验和认证性测试的过程中,以及此后的几十年服役期间,每种机型都会有无数的改进机会。在研制 ARJ21 700 过程中,ACAC 从 2001 年 3 月就开始听取航空公司的意见,航空公司专家的意见和建议对 ARJ21 - 700 飞机的构型选择、设计制造、产品支援建设(包括航材、备件和培训)等起到了指导性的作用。

但是,限于公众的知识结构,同时也由于信息不对称等原因,公众对民用飞机的一些技术问题并不十分清楚,无法进行判断和选择。民用飞机的适航性就是其中明显的一个例子。这时就可以采取我们经常所说的"用手投票"的方式。即公民可以推选代表,提出意见和问题,由人大或其他政府机构立法,批准满足最低安全要求的适航标准,要求民用飞机制造商提供的飞机满足批准的适航标准要求的最低安全水平;同时制定适航管理条例,要求国家公务人员代表公众去检查、确认相关安全要求在设计、制造、营运、维修等民用飞机全寿命周期中的落实情况,确保所要乘坐的飞机处于适航状态。

4.2 工业方的责任和义务

开展适航工作的目的归根结底是保障民用航空安全、维护公众利益、促进民机工业和民航运输的健康发展。因此,无论是工业方还是适航当局,都要承担各自的适航责任和义务。这里说的工业方主要是指飞机型号合格证和制造许可证的申请人/持证人。

民用航空器的固有安全水平是在产品设计阶段就确定的。局方的工作是按照严格详细的审查程序对民用航空器设计制造过程和有关的试验或试飞进行逐项审查和监督;营运人通过正确的使用和适当的维修,使得航空器的安全水平得以持续保持。因此,申请人/持证人是飞机适航性的第一责任人,对飞机的适航性负直接责任。

申请人/持证人的责任和义务是:按适航要求设计制造飞机,保证其符合要求,向公众表明其符合性。具体包括以下 5 个方面:

(1)要求申请人能够按公众批准或认可的最低安全标准设计飞机,保证设计制造的飞机符合最低安全标准。

(2)申请人应建立设计保证体系,保证研制的航空器符合适航要求。

(3)申请人应能够向代表公众的适航管理当局表明设计制造的飞机符合批准或认可的最低安全标准。

(4)持证人应通过有效地生产质量控制和管理,生产出符合经批准的设计要求的产品。

(5)持证人应能够通过持续适航管理,确保交付给用户的航空器始终处于安全可使用状态。

为了落实其适航责任和义务,工业方(包括申请人和持证人)应深入研究安全标准,组织有效的适航机构,组建完整的内部审核机制,制定有效的设计制造质量保证手册及程序,制定切实可行的符合性验证计划,建立内部审核监督机制,和局方密切的合作。具体表现在如图 4.1 所示的几个方面。

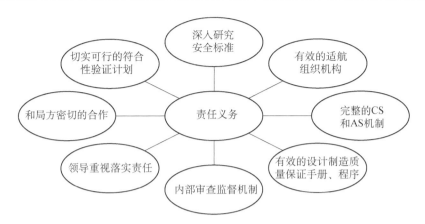

图 4.1　工业方的责任和义务

4.2.1　深入研究适航标准

就像前文所说的那样,我国的适航法规和美国的不一样,属于大陆法系。我国适航当局在制定颁布适航审定标准时,更多地借鉴、参考了联邦航空条例 FAR。以 FAR 25 部为例,FAR 25 部是以修正案的形式不断完善起来的案例法规,法规条款的每次修订都有其安全性理由,且伴随有技术原因或者对惨痛教训的总结,是在民用航空工业技术发展的历史中凝练出的、保证公众利益的最低安全要求。在 FAR 25 部使用过程中,通常会有一些 FAA 的政策(Policy)、咨询通告(AC)、备忘录(Memo)、指南(Guidance material)和其他标准等为工业界和审定人员提供指导,并且每一条款都广泛征求了工业界的意见,并就修订的原因、经济性等进行了深入的讨论后确立。因此在工业界的设计或局方的审定工作中都能够充分地把握条款的安全性意图和关键点,有能力采用正确的方法完成适航工作。

我国目前尚未形成独立制定、修订条款的能力。在依照 FAR 25 部建立 CCAR 25 部的过程中,直接引用由使用经验形成的案例法规,虽然在短期内实现了法规上与国际适航标准相接轨的任务,但由于缺少条款修订的提出、讨论和接受的中间过程,缺少对相应指导、辅助材料的了解,不可避免地造成使用法规的相关设计人员和审定人员在深刻理解条款要求的本质上缺少足够的积累,可能造成验证与审定工作不到位,给准确、高效地完成条款的符合性验证与审定工作带来风险,并影响型号合格申请进程。

为此,我国的民机工业部门应针对大型客机、民用航空发动机、机载设备、航空材料等适航取证要求,认真研究适航标准的内涵和安全意图,并将这些适航要求自觉地贯彻到型号设计工作中去。

4.2.2　建立有效的适航组织机构

波音和空客十分注重企业自身的适航组织机构建设,在适航要求评审和符合性验证方面起到重要作用。长期以来,我国的航空工业主要从事军用飞机的研制,缺乏民用飞机研制的经验。国内民用飞机制造商一般还没有建立完善的适航组织机构。在大多数企业,没有专门的适航机构。有的单位设置一个适航办公室,挂靠在质量处下。其中有限的适航工作人员一般忙于会务组织和联络工作。在一架飞机造出以后,可能要从不同机关和系统抽调人员组成临时性队伍完成具体的适航工作。这不仅影响飞机适航取证的效率,也限制了中国采取市场化手段发展民用飞机的进程。

中国商飞已经成功组建适航工程中心,并将通过建立适航工程师系统、适航管理内部审核系统、适航委任代表管理系统、适航管理信息化系统,建立和完善设计保证体系(DAS),承担型号合格符合性验证、适航体系建设的责任。

4.2.3 编制设计制造质量保证手册

根据适航要求,民用航空器制造厂商的设计组织必须有设计保证体系,并得到适航部门的认可/批准;民用航空器制造厂商的生产组织必须有质量保证体系,并得到适航部门的认可/批准。

这里所说的设计制造质量保证手册包括企业的质量保证手册、设计机构手册(DOM)和生产机构手册(POM)。

1) 质量保证手册

质量保证手册的根本是企业的质量管理体系,它是一个企业为提高自身产品质量或服务质量而建立的一套可有效运行的质量管理体系的文字反映。质量控制体系关注过程,确保这些过程的有效运行和控制所需的准则和方法,确保可以获得必要的资源和信息;监视、测量和分析这些过程;并实施必要的措施对过程进行改进。对于民机研制单位来说,质量控制体系的目的是通过一些管理手段和方法来促进和提高民用航空产品的质量,从而提升企业的竞争力。申请人质量手册进行批准,并且质量手册必须包含以下内容:

(1) 公司组织机构图。

(2) 质量控制系统机构图及质量职责权限的说明。

(3) 质量控制系统各系统要素的概述。

(4) 与民用航空规章 CCAR - 21 相关条款对应的质控资料的目录索引或矩阵图。

2) 设计保证手册

依据我国民用航空局颁布的适航管理文件 AP21 - 03R3《型号合格审定程序》规定,《设计保证手册》是申请人向局方表明其具有设计保证能力(具有健全的设计保证系统)的一份文件。该手册主要从组织结构、职责、程序和资源等方面向局方表明申请人已经落实了设计保证要求。设计保证是指申请人为表明自身具有必需的所有有计划的、系统性的措施而能够:

(1) 按照适用的适航要求设计产品。

(2) 表明并证实对上述要求的符合性。

(3) 向适航部门演示这种符合性。

(4) 支持航空公司保持运行中的飞机持续适航。

设计保证系统是企业为保证所研制产品具备适航性（满足适航当局的最低安全要求），必须完成一系列技术性和管理性事务的工作体系。设计保证系统主要包括以下三个方面的要求：

（1）设计组织应证明已经建立了并能够保持其设计保证系统，设计保证系统能够控制和监督申请的所有产品和零部件的设计、设计更改。设计保证系统应能保证产品和零部件的设计和设计更改能够符合型号合格审定基础和环境保护要求，并保证其职责被适当地履行。

（2）设计保证系统应具有独立的检查功能，在表明符合性的基础上提交符合性申明和相关文件给局方。

（3）设计组织应说明设计保证系统判断产品或零部件可接受性的方式，或由合作伙伴或承包商完成任务的方法，并有程序保证。

3）生产机构手册

生产机构手册（POM）规定了申请人各层组织机构及相关人员的职责，其中涵盖的管理规则、程序和方法等，在航空器整个生产取证以及批生产过程中必须得到连续完整的贯彻实施。应明确要求公司内部相关人员熟悉并有效使用本手册及本手册中涉及的相关程序。

POM 的编制一般依据民用航空局颁布的适航管理文件 AP - 21 - 04R3《生产许可与监督》程序。主要内容包括组织机构、资源管理、材料采购、过程控制、检验和试验、不合格品控制、纠正措施、储藏和包装、培训、售后服务。

与国内适航部门要求有所不同的，欧洲 EASA 对于生产许可审定采用生产机构的批准的方式，并在 CS - 21 G 分部"生产机构的批准要求"进行了规定。这表明欧洲的适航要求更加倚重对于机构（尤其是人员）的审查和认可，国外著名公司为取得生产许可证编制了生产机构手册（POM）。通过对国外著名公司生产机构手册 POM 与国内航空企业质量手册的对比研究，可以看到，国外著名公司生产机构尽管比较复杂，但是其 POM 的要求完全覆盖了欧洲适航要求，并且更为科学、合理，对于国内大型客机未来的生产许可取证具有重要的参考意义。因此在参照欧洲适航要求、国外企业的生产机构手册 POM、国内适航要求以及研制单位的实际情况提出了编写研制单位的 POM 的要求。

4.2.4 建立审查监督机制

为了保证适航取证过程的顺利进行，提高适航工作效率和主动性，申请人必须建立完善、有效的内部审查监督机制和工作程序，确保提交给局方的材料，包括符合性验证报告，图纸，试验大纲，试验报告，计算报告等，首先在申请人内部评审通过，确认符合规章要求。

4.3 局方的责任和义务

局方的责任是在制定最低安全标准的基础上，对民用航空器的设计、制造、使用和维修等环节进行科学统一的审查、鉴定、监督和管理,确认申请人/持证人的设计制造符合适航要求,并最终为公众、社会提供安全的、经济的、舒适的航空运输工具(图 4.2)。

图 4.2　局方的责任和义务

适航当局的主要工作是:

1) 立法定标

根据《中华人民共和国航空法》,适航部门要统一制定颁布各种与安全性管的技术的和管理的适航标准、规章、规则、指令、通告等。这是民用航空产品安全性的要求。通过针对各类民用航空器制定相应得技术性适航标准,把国家的航空安全政策具体细化和法律化,使得局方的适航管理有严格的技术性法律依据。

随着对航空事故的调查、分析、总结,随着航空工业技术的进步,特别是新材料、新工艺、新设计的出现,适航部门要根据事故原因调查结论和新的航空工业技术的安全要求,通过不断修订适航标准,或者采用制定专用条件的方式,及时修订适航要求。

2) 制定有效的审定、监督检查程序

除了制定适航标准外,适航部门还要制定相应的管理性审定监督规则,如管理程序等,明确而详细地规定适航管理的实施步骤和方法。这些规则和程序是保证贯彻适航标准、有效开展适航管理工作的行动指南。

适航部门通过颁证前的合格审定以及颁证后的监督检查等手段,促使从事民用航空产品设计、制造、使用、维修的单位或个人始终自觉地满足适航标准、规定的要求,这是符合性的要求。

3) 建立与工业布局相适应的组织机构

国际上,与型号设计和生产合格审定密切相关的审定组织机构从来都是与工业布局密切相关的。EASA 的前身 JAA 正是为了满足 AIRBUS 的审定需求而诞生的。FAA 在 1981 年整合了分散在各地区的适航审定机构,根据工业布局建立了四

个合格审定中心,即:

(1) 位于华盛顿州西雅图市的运输类飞机合格审定中心,主要针对 Boeing 等。

(2) 位于密苏里州堪萨斯城的小型飞机合格审定中心,主要针对 Cessna,Beech 等。

(3) 位于得克萨斯州沃斯堡市的旋翼类航空器合格审定中心,主要针对 Bell,Sikorsky 等。

(4) 位于马塞诸赛州波士顿市的发动机和螺旋桨合格审定中心,主要针对 PW,GE,Lycoming 等。

这种专业化集中管理的合格审定中心具有十分明显的优点。由于一个中心只负责一类民用航空产品,任务明确,技术力量相对集中,便于深入研究和解决制定政策中的各类技术问题。另外,由于一类民用航空产品只由一个中心负责,便于统一掌握各种政策、条例、标准的执行尺度。同时,这种分工减少了各种复杂的行政组织关系,有利于及时制定、修订和补充各种政策、条例、标准,以及对各种管理问题和技术问题迅速作出反应。

我国为了配合 C919,Z15,Y12F 等型号的审定,2007 年成立了上海航空器适航审定中心和沈阳航空器适航审定中心。预计随着我国民用航空产业的发展,会在北京成立航空发动机审定中心等。届时,我国将建成与民用航空工业布局相适应的适航组织机构。

4)培养敏锐公正的审查判断能力

对每种民用飞机而言,必须取得三种证件,即型号合格证、生产许可证和单机适航证。其中型号合格证的审定过程最为复杂和耗时。

所谓"型号合格审定",就是对飞机的型号设计是否能满足最低的安全标准进行评判和审查。型号设计包括设计图样,技术规范以及确定飞机结构强度所需要的尺寸、材料和工艺资料等。完成了型号合格审定过程,中国民用航空总局将为飞机型号的设计单位颁发型号合格证,对该飞机型号能够满足最低的安全标准和环境保护标准予以批准和确认。

飞机的型号合格审定工作的核心就是保障安全。在符合性验证工作阶段,申请方将逐项确定为了表明对审定基础各个条款的符合性,按照确定的符合性方法开展各种分析、计算和试验项目,并提交相关的报告供审查方审查。在此过程中,审查方将抽样进行现场检查。这种检查是局方代表公众利益,对申请人的设计保证体系、制造质量保证体系、适航验证体系进行监督检查。

面对现代飞机先进复杂的设计特点,和国际合作模式(飞机主设计方中航商飞与国际系统供应商联合定义,国际系统供应商负责系统详细设计,国内主要的航空院所负责结构设计和系统综合),审查方应站在公正、负责的立场,逐步提高敏锐的审查判断能力,及时发现问题,并与申请人沟通,密切合作,协调解决存在的问题,确保民用飞机的安全性。

5　运输类飞机设计及适航审定发展趋势

5.1　引言

5.1.1　飞机的分类

在大多数国家的适航规章中,将飞机分为以下两大类:

(1) 正常类、实用类、特技类和通勤类飞机。

(2) 运输类飞机。

其中,根据 CCAR - 23R3 中,给出了正常类、实用类、特技类和通勤类飞机的定义:

(a) 正常类飞机,是指座位设置(不包括驾驶员)为 9 座或以下,最大审定起飞重量为 5700 kg (12500 lb)或以下,用于非特技飞行的飞机。非特技飞行包括:

① 正常飞行中遇到的任何机动。

② 失速(不包括尾冲失速)。

③ 坡度不大于 60°的缓 8 字飞行、急上升转弯和急转弯。

(b) 实用类飞机,是指座位设置(不包括驾驶员)为 9 座或以下,最大审定起飞重量为 5700 kg (12500 lb)或以下,用于有限特技飞行的飞机。按实用类审定合格的飞机,可做本条(a)中的任何飞行动作和有限特技飞行动作。有限特技飞行包括:

① 尾旋(如果对特定型号的飞机已批准作尾旋)。

② 坡度大于 60°但不大于 90°的缓 8 字飞行、急上升转弯和急转弯。

(c) 特技类飞机,是指座位设置(不包括驾驶员)为 9 座或以下,最大审定起飞重量为 5700 kg (12500 lb)或以下,除了由所要求的飞行试验结果表明是必要的限制以外,一般在使用中不加限制的飞机。

(d) 通勤类飞机,是指座位设置(不包括驾驶员)为 19 座或以下,最大审定起飞重量为 8618 kg (19000 lb)或以下,用于本条(a)所述非特技飞行的螺旋桨驱动的多发动机飞机。通勤类飞机的运行,是指正常飞行所能遇到的任何机动,失速(不包括尾冲失速)和坡度不大于 60°的急转弯。

以上四类飞机适航审定标准为 23 部,经常也称为 23 部小型飞机标准(图 5.1)。中国民航局颁发的 AC21 - 05 和 AC21 - 06 分别给出了其轻型飞机和超轻型飞

图 5.1 23 部飞机(Y12)

机两类初级类航空器的适航标准。初级类航空器(见图 5.2)具有设计制造相对简单、价格低廉、使用维护简单等特点,能够满足飞行训练、农林作业、航空摄影、广告宣传等通用航空领域和个人用途、航空体育等方面的需求。

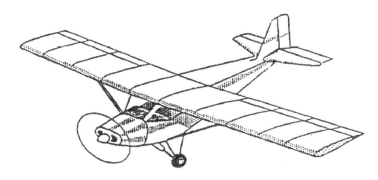

图 5.2 初级类航空器

超出 23 部规章限制的、用作公共运输的飞机即为运输类飞机。颁发和更改运输类飞机型号合格证应满足《运输类飞机适航标准》。

和其他类型航空器不同,运输类飞机对安全性的要求相对较高。运输类飞机对安全的基本要求是:飞机中一个单元可以失效,但由此导致灾难性事故的概率非常低。例如,运输类飞机最少必须有两台发动机,驾驶舱至少有两个驾驶员,机翼和尾翼等主要承力结构必须是多传力路径等。

运输类飞机还可以分为以下两类:

(1) 干线运输类飞机。

(2) 支线运输类飞机。

干线飞机一般是指客座数大于 100、满载航程大于 3000 km 的大型客货运输机。按照航程分类,通常把满载航程大于 6000 km 的干线飞机称为中远程干线飞机,国际航线上大多采用这类飞机;把满载航程小于 6000 km 的干线飞机称为中短程干线飞机,一般用于地区航线和国内航线。干线飞机是民用飞机市场的主体,民用航空运输90%以上的客、货运输周转量是由干线飞机完成的。干线飞机也是民用航空产业的高端,具有经济价值高、技术难度大、综合性强的特点。

支线飞机是指100座以下、航行于中心城市和中小型城市,或者中小型城市之间的客货运输机,航程一般在3000 km以下。随着航空运输的发展,支线飞机与干线飞机的界限越来越模糊。特别是近年来,一批喷气支线客机陆续投入使用,先进金属材料和复合材料的大量应用,减轻了结构重量,采用了新型涡扇发动机,燃油经济性更好。

5.1.2 我国发展运输类飞机的意义

航空工业是整个国家工业基础皇冠上的一颗钻石,而运输类飞机则是一个国家民用航空设计制造水平的集中体现。发展运输类飞机,能够带动相关工业技术,如新材料、现代制造、先进动力、电子信息、自动控制、计算机等关键技术的群体性突破,同时还能带动流体力学、固体力学、计算数学、热物理、化学、信息科学、环境科学等诸多基础学科的重大进展,全面地、大幅度地提高我国科学技术水平。

我国现阶段发展运输类飞机的另外一个重要驱动因素是经济方面的考虑。据波音估计,到2024年,全球运输类飞机将达到35300架,其中考虑到退役和替换的飞机,净增25700架(见图5.3)。

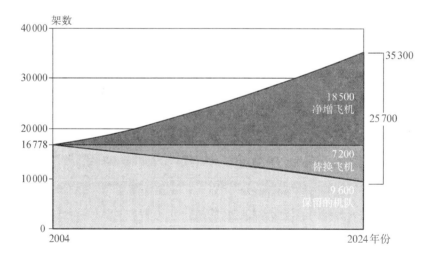

图5.3　全球运输类飞机发展预测

改革开放以来,我国国民经济持续快速发展,人民生活不断改善,我国的航空运输总量已经达到世界第二,仅次于美国。发展大型客机,将更好地满足我国经济发展和人民出行需要。预计到2024年,中国运输类飞机将达到3239架(见图5.4),其中考虑到退役和替换的飞机,需要净增2612架,总价值应在3500～4000亿美元之间。

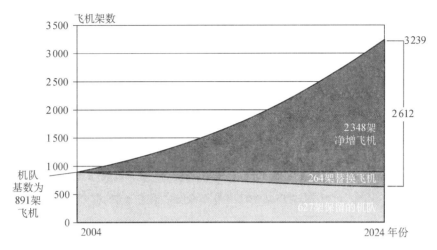

图 5.4 中国运输类飞机发展预测

5.2 运输类飞机设计发展的四个阶段

可以将运输类飞机设计发展的历史划分为以下四个阶段。

5.2.1 第一阶段

第一阶段为 1926~1958 年的早期飞机(见图 5.5),主要技术特点是系统简单,航空电子设备大多为模拟式,以机电仪表为主;结构简单,大多采用平直机翼,结构设计中主要采用静强度设计和刚度设计准则;动力装置功率较小,采用活塞发动机或螺旋桨发动机,在安全性方面主要考虑了元件的安全性。

图 5.5 早 期 飞 机

5.2.2 第二阶段

第二阶段的飞机从 B707 开始,到 B737 - 300 结束,时间大概从 1958~1985 年。这时期飞机的主要技术特点是:采用涡喷发动机(如 B707)或低涵道比的涡扇发动机,提高了巡航速度,降低燃油消耗,提高了中短程航线运输的经济性;结构较复杂,机翼采用尖峰翼型,结构设计准则为破损安全设计准则;开始关注飞机系统级安全性,航空电子设备开始采用总线技术,数字化、综合化程度提高,仪表板以电子式为主。

这一阶段的典型飞机是 B737CL 系列。波音 737 系列飞机是波音公司生产的双发(动机)中短程运输机,被称为世界航空史上最成功的民航客机。

B737-100 计划在 1964 年展开,采用 B707/727 的机头和机身横截面,设计容量为 100 座级,1967 年 12 月 15 日获美国联邦航空局(FAA)颁发的型号合格证(TC),共生产了 30 架。波音公司于 1967 年推出了机身延长的型号 B737-200,以配合美国市场的需要。B737-200 系列在市场上大受欢迎,总产量达到1114架,直到 1988 年停止生产。波音公司在 1981 年决定继续设计 B737 系列改进型号,B737-300(图5.6)于 1984 年推出,比 B737-200 略长,应用了 B757 与 B767 的现代化驾驶舱设计(图5.7),机舱设计则来源于 B757,座位数 102～145。B737-400 为 B737-300 的加长型号,载客量为 150～180 人。B737-500 为 B737-300 的缩短型号,续航距离较长,座位数 104～132。

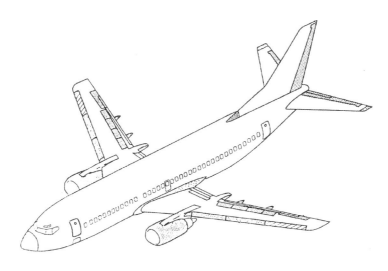

图 5.6　B737-300

5.2.3　第三阶段

第三阶段为 A320 系列和 B737NG 系列,时间大约从 1985～1997 年。这一阶段飞机的主要技术特点为:在飞机机翼上进一步加大展弦比、加装翼梢小翼,提高巡航效率;逐步采用超临界机翼、减小机翼后掠角,提高飞机巡航气动效率;在动力装置上采用推力大、耗油率低、停车率低、污染小、噪声低、涵道比为 7～9 的高涵道比涡扇发动机;飞机结构方面开始广泛采用轻型结构材料,加大复合材料用量(图5.8),B777 的复合材料用量达到 12%,较大幅度地降低飞机结构重量,结构设计准则为损伤容限和耐久性设计准则;驾驶舱为双人驾驶体制,用先进液压平板显示器代替过去飞机上的阴极射线管(CRT)显示器,所有主要的飞行、导航、发动机信息都显示在 6 块大型屏幕上,大大减轻驾驶员的工作负荷;以运动传感器、中央计算机、作动器和电源为主要组成的电传操纵系统首次在 A320 系列飞机上得到应用;飞机系统复杂,开始关注飞机级的安全性。

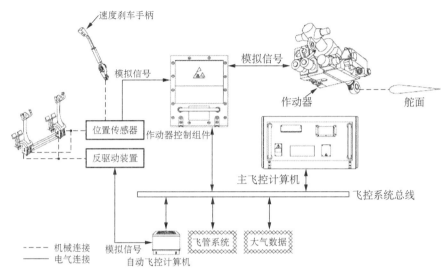

图 5.7　带机械备份的电传操纵系统

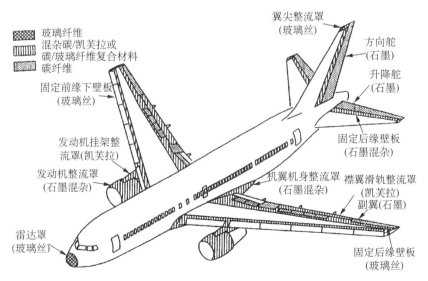

图 5.8　复合材料在 B767 飞机上的应用

注:主起落架舱门为混杂凯芙拉/碳复合材料
前起落架舱门为混杂玻璃纤维/碳复合材料

5.2.4 第四阶段

第四阶段以 A380，ERJ190，B787，A350 为代表，时间大约从 1997 年以后。这一时期飞机的主要技术特点是：

飞机结构中大量采用复合材料。A380 复合材料用量达到 25%，B787 和 A350 飞机的复合材料用量分别占飞机结构总重量的 50% 和 52%（见图 5.9）。复合材料的使用显著降低了飞机的结构重量，提高了航空公司的经济效益，提高了飞机的维修性，改善了乘客的舒适性；通过复合材料的优化设计，可以实现结构的气动弹性剪裁。

飞机系统上采用高度综合的复杂系统（见图 5.10），穷举法已不能保证飞机的安全性，要结合过程控制来保证飞机的安全性。

采用开放式结构的中央计算机取代传统的数十条独立总线，控制整架飞机的航电和通用系统，提高了飞机系统的可靠性；采用电刹车系统，将环控系统由传统的发动机引气系统驱动改为电驱动。

采用更大尺寸的双屏液压平板显示器，并采用垂直状态显示模式以显示飞机航迹的相关数据，可以加入增强视景系统和三维合成视景系统，进一步减轻了驾驶员的工作负荷。

采用先进计算流体力学设计，融合式翼梢小翼的三位一体化机翼提高了飞机的空气动力性能和巡航效率。

在动力装置上采用推力大、耗油率低、环保性好、涵道比为 9～11 的先进涡扇发动机，燃油消耗比同类型现役飞机低 20% 以上。

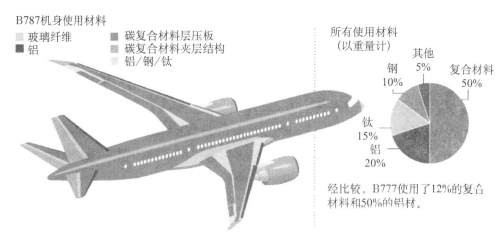

图 5.9　B787 飞机结构材料

图 5.10　B787 的驾驶舱

5.3　运输类飞机设计发展趋势

5.3.1　主设计人和系统供应商联合定义的设计模式

飞机设计制造工业是一个国家综合国力和工业发展水平的体现,是一个集资本、技术、知识为一体的密集战略产业。同时,民用飞机设计制造是一个复杂的系统工程,投资大,风险大,投资回报周期长。一个完全独立的企业是很难完成这一工程的。为了缩短设计、生产制造周期,降低成本,降低投资风险,获得更多市场,提高企业的竞争力,航空企业需要加强广泛的合作。因此一个成功的民用客机主制造商,有许多供应商为其提供产品及服务(见图 5.11)。

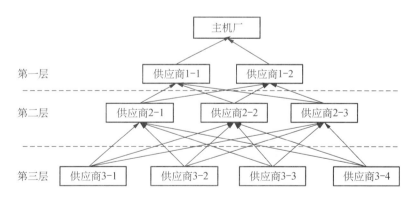

图 5.11　供应商结构图

国外民用飞机制造商对供应商的选择方式主要有以下几种:

(1) 彼此独立的正常购买关系。通过公平竞争,有序管理,减少成本。

(2) 倾向性购买关系。制造商与供应商之间有一定的承诺,达成某种默契,制造商保证在指定时期内购买一定数量的供应商提供的产品,供应商则给予价格上的优惠以及按制造商的需求进行小幅度的产品改进。这样通过采取与主要的供应商签订长期供货协议,定期发放采购订单的形式,达到长期供货,降低采购成本,以有利于稳定货源,便于管理。

（3）供应商为制造商的供应伙伴。供应商和制造商友好联盟,双方承诺较多。通常,这类产品供应商是唯一符合项目系统要求的供应商,需承担一定的项目风险。如巴西航空工业飞机制造公司研制的 ERJ - 170/190 项目,资金总需求为 7.5 亿美元,三分之一是航空工业出资,三分之一是商业融资,三分之一是全球范围内供应商的投资,这样新项目有各方参与,真正实现了风险共担。

（4）股东投资的关系。投资关系可以是制造商向供应商投资,亦可以是供应商向制造商投资,或双方共同出资建立新的公司。制造商以风险投资吸引供应商参与飞机共同研发制造,来稳定供应货源。

（5）以供应商的产品供应来换取市场。这是一种常见的方式,国外民用飞机制造商为了进入某国的航空市场,通常采取贸易补偿形式给飞机购买国一定的产品加工或成品购买量。

目前的发展趋势是,在设计模式上主设计人和系统供应商对飞机联合定义,系统供应商按联合定义的要求负责系统的具体设计,主设计人对供应商进行有效控制并负责系统综合。

以 2007 年 7 月 8 日推出的波音 787 为例。其机身 80% 以上的制造工作外包（见图 5.12）,并且让所有的供应商负责零件的工程设计,这在波音公司历史上也是首次。日本公司和意大利公司设计使用复合材料的机身和机翼。俄罗斯则提供关键的工程人才设计钛合金的飞机部件。中国加工波音 787 飞机的尾翼。西雅图的生产基地将精力集中在飞机的整体组装上。

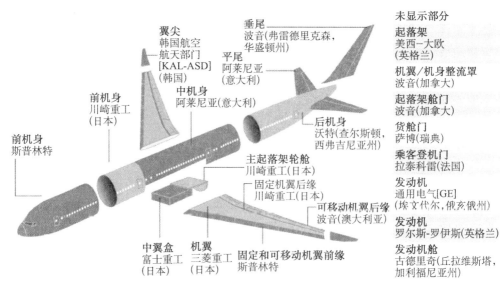

图 5.12　波音的全球合作战略与 B787 的供应商

主设计人在与供应商的合作中,应充分认识到企业的核心竞争力首先取决于知识,而不是产品。采取联合定义的全球合作战略,一方面可以获取最为先进的技术和部件,大规模降低采购成本,节省型号研发时间,另外一方面在合作中要发展和保留自己的核心技术,并不断提升整机的系统综合能力。例如,虽然波音公司的外包规模比较大,但它在研发外包中有一个底线,那就是机翼生产等核心技术基本上都是亲历亲为。除了将波音787飞机的机翼转包给与美国经济技术关系较为密切的日本外,波音其余机翼技术一直都在小心翼翼地保留。

5.3.2 以技术创新提升核心竞争力

只有不断追踪航空工业技术的发展,研究开发民用飞机新技术,新工艺,并适时将它们应用于民用飞机的型号研发,才能持续提升企业的核心竞争力。

以波音公司为例。波音成功的经验之一就在于它注意对未来竞争力的投资,不断研制和更新民机技术和产品,总是力争走在同行之前。波音公司研制开发的"波音"喷气式飞机是一个庞大的家族,展示了波音公司丰硕的创新成果。位于西雅图的波音公司科研大楼里,上万名科技人员在那里夜以继日地工作,为波音系列不断增添新的成员。在公司推出的波音系列中,有被称为全美第一架喷气客机的波音707;有普遍受欢迎并创造了喷气客机最佳销售量的波音737;有被称为世界上航程最远的波音747-400;有被誉为现代民航史上最省油、最安全的波音757、波音767;有世界最大型的、技术最先进的双喷气宽体客机波音777;也曾有符合客户要求、降低运营成本的波音717。

下面用三个例子说明民用飞机技术的发展趋势。

1) 复合材料的大量应用

突破了过去的结构设计包线,使飞机更轻,更便于维修。

复合材料通常是由高强度、高弹性模量的纤维增强材料和低强度、低弹性模量的基体材料组成,具有一些与常规金属不同的特性。主要优点为:

(1) 比强度和比模量高(表5.1)。

表 5.1 几种结构材料性能比较

材 料	拉伸强度 MPa	拉伸模量 GPa	比强度 MPa/(g/cm³)	比模量 GPa/(g/cm³)	密度 g/cm³
铝合金	420	72.0	151.1	25.9	2.78
合金钢	1200	206.0	152.9	26.3	7.85
钛合金	1000	116.7	221.2	25.8	4.52
玻璃纤维/聚酯复合材料	1245	48.2	623.0	24.1	2.0
高强度碳/环氧树脂	1471	137.3	1014.0	94.7	1.45
高模量碳/环氧树脂	1049	235.0	656.0	146.9	1.60
芳纶/环氧树脂	1373	78.4	981.0	56.0	1.40

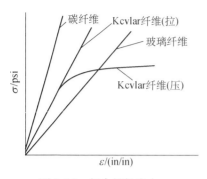

图 5.13　复合材料应力-
应变关系示意图

（2）具有可设计性。

（3）抗疲劳性能好。

（4）减振性能好。

（5）破损安全性好。

复合材料的主要缺点有：

（1）具有脆性材料的特性（图 5.13，1 psi ＝ 6.895 kPa ）。

（2）层间强度低，对冲击损伤敏感。

（3）易于造成铝合金的腐蚀。

（4）需要防雷击抗静电保护。

大型民用航空器最初采用复合材料主要是用来承受和传递局部气动载荷，而不参加航空器结构总体受力。目前，一些新型飞机的主要受力结构部件已经采用复合材料（图 5.14）。例如，龙骨梁、地板梁、后承压隔框、垂直尾翼、水平尾翼等。复合材料在飞机结构中的应用情况大致可以分为三个阶段：

（1）第一阶段是应用于受载不大的简单零部件，如各类口盖、舵面、阻力板、起落架舱门等，对这类结构件，据统计可减重 15％～20％。

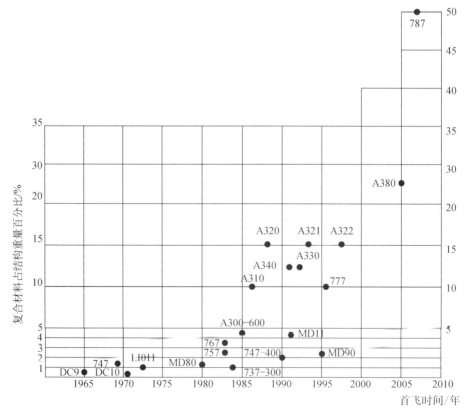

图 5.14　近 30 多年欧美民用运输类飞机上复合材料占整机结构重量的百分比

（2）第二阶段是应用于承力大的部件，如安定面、全动平尾、前机身段、鸭翼等，据统计可减重 20％～25％。

（3）第三阶段是应用于复杂受力部位，如机翼、中机身段、中央翼盒等，据统计可减重 30％。

在复合材料结构设计中应特别考虑：

（1）在结构寿命期内，由于重复载荷和环境影响引起的结构静强度性能的退化；在使用过程中结构刚度的退化，以及飞行过程中某些接头和结构局部损坏引起的刚度变化。

（2）复合材料结构疲劳和损伤容限评定需要建立不同缺陷/损伤的评定原则。耐久性设计考虑低能量冲击损伤；损伤容限设计以冲击损伤为重点。结构破损安全特性和损伤无扩展特性评定，应根据所设计部件的设计要求在适当时刻引入一定尺寸的低能量冲击损伤和/或鸟撞、雷击高能量冲击损伤。

（3）已有使用经验表明，细节设计不周是复合材料结构提前破坏的主要因素（有细节设计决定成败之说），因此要求采用完善的细节设计，在刚度变化部位、圆角、连接、减轻孔等细节设计中特别注意考虑铺层、成形工艺、机械加工等方面的特殊要求。

（4）采用有效的结构防护措施（防紫外线辐射、防湿/热影响、防外来物冲击）。注意防止与复合材料相接触的金属零件的电偶腐蚀问题。

（5）复合材料结构应根据适航要求，分别完成防雷击、机翼整体油箱防静电、电磁屏蔽和机身适坠性的设计与试验验证。

2）采用高度综合的复杂系统

使飞机自身系统和空管、运营、维修、机场管理、娱乐等高度综合，全面提高安全性和可运营性。

现代飞机越来越多地使用更多功能和接口的复杂系统（如驾驶舱综合显示系统、飞行控制、飞行管理、空中交通控制、通讯管理等系统）。飞机机载设备/系统主要发展趋势为：

（1）模块化。

以开放式结构和模块化为特征的航电系统在 A380 和波音 787 飞机上达到了新的水平。A380 飞机航空电子系统是基于 ARINC 653 标准的、开放式的综合模块化航空电子系统（IMA），由航空电子全双工以太网（AFDX）和 18 个 IMA 模块构成；波音 787 飞机航空电子系统采用满足 ARINC 653 标准的、开放式系统结构的通用核心系统（CCS），并采用满足 ARINC 664 标准的、光纤以太网的通用数据网络（CDN）。正如柯林斯公司的首席运营官所说："无论是军用飞机还是民用飞机，也无论是干线机还是支线机，甚至不管是固定翼飞机还是旋翼飞机，不同平台的任务系统或许在功能上有差别，但以模块化的系统与开放式结构为基础的设计具有很大的共同性，可以缩短系统开发的周期，使产品更具竞争能力。"特别在软件比例不断上升的今天,航空电子系统软件的不断升级已经成为提高系统性能的重要方法之一。

（2）高度综合化。

随着技术进步和功能及经济性方面要求的不断提高,航空电子系统发展的趋势是综合化程度在不断提高。现代先进的飞机在硬件和软件综合上达到了非常高的水平,在大大提升飞机功能和性能的同时较好地控制了飞机的成本。目前机载航空电子系统的综合主要体现在座舱综合显示控制、综合数据处理、综合导航引导、综合监视与告警等方面。

（3）智能化座舱。

飞机座舱更加突出"以人为本",注重座舱的通用性,减少飞行员的转机型培训;显示区域更大、更直观、交互式的人机接口,减轻飞行员工作负担,采用多种手段改善态势感知能力,提高飞行安全性。

（4）空地一体化。

A380和波音787都实现了驾驶舱和客舱电子系统的全面综合,使航空电子体系更加完整和协调;同时也将空地应用需求紧密结合起来,便于实现空地运行网络化管理和满足空地一体化无缝隙不间断服务的需求。随着新航行系统的部署,地空和空空数据链在新航行系统中的作用越来越大,使得航电系统与地面系统能紧密地融合。

（5）电传飞控。

近20年来,民用飞机利用电传飞行控制系统(FBW)替代传统的机械操纵系统,并广泛应用主动控制技术(ACT),取得了前所未有的成效。目前,欧美等先进的民用飞机,如:A320、A340、波音777、A380、波音787等都以数字电传飞行控制系统为基础,是应用主动控制技术的成功范例,代表了民用飞机飞行控制系统的发展趋势。

3）更加注重系统安全性设计

进一步在系统安全性设计中引入了过程控制的理念。

对于复杂或综合的系统以及软硬件,其输入/输出量巨大,仅用试验或分析确定所有的系统状态几乎不可能;或者即使可能,也因所需完成的试验数量太大而不切实际。需要采用系统安全性的方法,有组织地对现代飞机系统进行评估,将软件、硬件等由于设计原因产生重大影响的可能性降至最低。

系统安全性是指飞机或系统在规定的条件下和规定的时间内以可接受的风险执行规定功能的能力,安全性是民用飞机设计必须满足的首要特性。安全性评估过程贯穿于系统研发过程,从飞机概念设计阶段开始,提出相关的安全性需求,对设计过程进行指导和评估,修改设计,再评估,交互迭代进行,最终以证明设计能满足安全性需求而结束。可以看出,系统安全性评估是保证民用飞机在整个设计制造过程满足适航标准的系统工程,是保证现代民用飞机设计安全性最有力的工具之一。

系统安全性评估是保证民用飞机整个设计制造过程满足适航标准的系统工程,是保障现代民用飞机设计安全性的有力工具。系统安全评估过程必须进行计划和管理,以保证系统设计过程中确认了所有相关失效状态并已考虑了所有能够引发这些失效状态的重要故障组合。对综合复杂系统的安全性评估过程,还要考虑因综合过程所导致的附加复杂性和系统间的相互依赖性。安全性评估过程贯穿于系统研发过程,从飞机概念设计阶段开始,提出相关的安全性需求,对设计过程进行指导和评估,修改设计,再评估,交互迭代进行,最终以证明设计能满足安全性需求而结束。

系统安全性评估基本内容包括功能危险性分析(FHA)、初步系统安全性分析(PSSA)、系统安全性分析(SSA)以及共因分析(CCA)四部分,每一部分都和系统研制过程完全对应,各部分之间相互关联。系统安全性评估常用的分析工具包括故障模式及影响分析(FMEA)、故障模式及影响概要(FMES)、故障树分析法(FTA)、相关性流图法(DD)及马尔可夫分析法(MA)。CCA 仅依靠上述常用工具无法完成分析,还包括三种特殊的分析方法:特定风险分析(PRA)、共模分析(CMA)和区域安全性分析(ZSA)(图 5.15)。

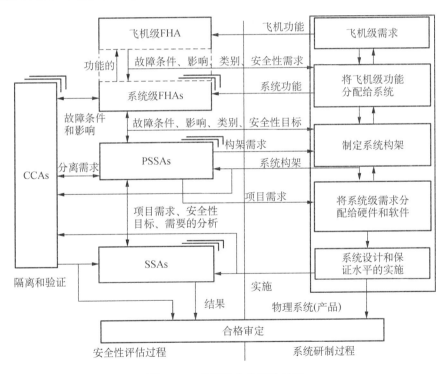

图 5.15　系统安全性评估过程

5.3.3　优质服务赢得市场和利润

型号合格证持有人应建立完善的持续适航体系,依靠优质的售后服务,保证航空器的营运安全,并获取可观的利润。

1)提供持续适航工程服务

这是适航法规的要求,是航空器安全运营的保障。

持续适航涵盖了为确保所有航空器在其整个使用寿命内的任何时候都严格遵守适航要求,并使其处于安全运行状态的所有工作过程。

服务航空器在投入运行后,会不断暴露出各种对安全有潜在影响的缺陷,从而降低航空器的适航性。对航空器安全性有影响或潜在影响的缺陷有三类:服役过程中暴露的问题、交付后发现的制造缺陷和设计缺陷。

航空器型号合格证持有人在航空器适航性缺陷修正工作中负有极其重要的责任,承担着缺陷收集、调查分析、汇报、制订修正措施(颁发服务通告,支持局方制订适航指令中的修正措施)、及时修订相应的技术资料(手册和程序),并将修正措施和修订的技术资料通报给航空器营运人,对航空器出现的不安全缺陷进行及时的修正,恢复航空器的适航性。航空器型号合格证持有人是航空器持续适航第一责任人。

2)民用飞机的利润来源于售后的持续适航服务

波音和空客的实践表明,生产一架飞机的利润率平均在10%左右。而根据不完全统计,按平均服役寿命20年计算,飞机在运营过程中由于备件、改装、维护、维修等付给制造商的费用是飞机出厂价的两倍左右。

在现在这样一个服务制胜的时代,客户的地位日益重要,把客户服务当做产业来经营,通过客户管理和服务来增加产品的附加值;企业对客户提供客户服务,争取客户对企业的信赖,是客户满意与否的一项重要标志。从根本上说,企业的核心竞争力就是企业满足客户需求的能力,企业的使命就是向客户提供服务。波音公司和空客公司等国际著名的航空企业几十年来一直非常注重客户服务的研究和发展,以一流的产品和服务,赢得了客户高满意度,赢得了绝大部分市场份额,同时也为企业赢得了巨额的经济收益。

目前各国的航空公司早已习惯于波音、空客等在培训、技术服务、备件提供、维修支持等高水平的客户服务。由于我国民用航空器型号较少,目前航空工业系统在民用航空器持续适航工作的基础相对薄弱,缺乏服务通告和适航指令的编制经验,在持续适航文件修订服务方面与欧洲、美国的航空器型号合格证持有人存在较大的差距。为了保证我国民用航空业从技术成功走向产业成功,应充分重视并研究民机的持续适航服务。

波音公司在1970年就成立了民用航空服务部门,确立了服务标准,这些服务包括提供零备件、培训、维修文件和技术建议。目前,波音民用航空服务部主要提供以下服务:

(1)全球客户支持:波音建立了全球性的基础设施以支持航空公司的航班计划,解决技术问题,快速提供技术信息并随时随地交付他们所需的关键产品和服务。波音在65个国家派驻了330名驻场代表,帮助客户保证波音机队运营的安全性和盈利性,及时提供现场技术指导并确保波音新飞机的顺利引进。当飞机因出现损坏或重大技术问题而停飞时,波音遍布全球的8个备件中心、23个飞行培训基地和9

个部件修理中心都能提供及时的支持服务。

同时,波音建立了 MyBoeingFleet.com 网站,客户可以将访问门户网站作为单点联系方式,以获得维护和运营波音机队所需的全部信息。

(2)材料管理:波音在全球的配送中心分布在西雅图、洛杉矶、亚特兰大、新加坡、北京、伦敦、迪拜以及阿姆斯特丹。一套先进的大型计算机系统连接所有的备件中心,可即时监控库存情况。

(3)维修和工程服务:民用航空服务部开发、管理机队维护和工程支持所需的大量技术信息。采用数字化工具,如飞机健康管理系统,加速了飞机故障查找以及管理维护服务。

(4)机队改进和改装:利用波音和道格拉斯飞机设计使用的所有工程数据,帮助航空公司改变飞机布局,提高机队性能,改进客舱舒适性。

(5)飞行运营支持:波音民用航空服务部为航空公司的飞行运营部门提供全面支持,例如创新的信息管理解决方案和全球培训网络。波音民用航空服务部提供的服务还包括飞行技术出版物(如飞行手册、缺件放行指南、主最低设备清单和其他相关文件)。

(6)培训支持:波音公司通过其全资子公司翱腾公司(Alteon)运营着全球最大的航空公司培训网络。翱腾公司整合了波音培训中心以及世界各地 22 个培训基地,资产包括先进的电脑培训系统和 70 多台全动模拟机,为 100 座级及以上飞机市场提供波音飞机和非波音飞机的初始培训和复训。

5.4　适航审定的发展趋势

5.4.1　局方与申请人的合作

为了飞行安全,需要局方和申请人之间全面合作,使用 PSCP,CP 对符合性验证和审查活动进行全面规划,并注重过程控制。

在《民用航空产品和零部件合格审定规定》(CCAR - 21)和《型号合格审定程序》(AP - 21 - 03)中均强调了申请人编制型号合格审定计划,并按照该计划开展型号合格审定工作的重要性。在 FAA 的“型号合格审定程序”(Order 8110.4C)中,引入并且着重强调了“专项合格审定计划”(PSCP)的概念,要求对每一项目均应编制 PSCP 并据此开展型号合格审定工作。PSCP 由申请人的合格审定计划(Applicant's Certification Plan)和局方的合格审定项目计划(CPP)组成,并在“FAA 和工业界的产品合格审定指南”(The FAA and Industry Guide to Product Certification)中给出了具体的指导。

“申请人的合格审定计划”指申请人用于表明符合性的计划,对于型号项目,应当编制申请人的飞机级合格审定计划。对于诸如飞控系统、导航系统等复杂系统和诸如防火、闪电防护等具体验证项目,应当编制申请人的系统级合格审定计划。系统级的合格审定计划应当充分考虑申请人的专业分工。在系统级的合格审定计划中应当结合系统的设计特点和适航条款的要求,论述申请人预期如何表明符合性的说明。

"局方的合格审定项目计划"是审查组组长的协调工具,定义了对于具体型号合格审定项目相关审定中心和项目审定办公室(PACO)之间的工作关系。

1)申请人的飞机级合格审定计划(PSCP)

申请人的合格审定计划应当至少包含以下内容:

(1)申请人、型别和申请日期等概述信息。

(2)包含三维图的型号设计的概述。

(3)预期运行的规章依据(例如,CCAR-91,CCAR-121或者CCAR-135下的运行)。该依据应当确定产品的运行类型和维修大纲类型。

(4)包含适用规章、豁免、等效安全和专用条件的审定基础。

(5)符合性方法表。

(6)符合性检查单。

(7)用于生成符合性验证数据/资料的试验件和试验所需设备的清单。

(8)对颁发型号合格证后如何满足持续运行安全要求的描述。

(9)包含里程碑计划的项目计划,包括初步安全分析报告的提交日期、符合性验证资料的提交日期、制造符合性检查和试验完成日期以及预期完成型号合格审定的日期。

(10)预备工程委任代表(DER)和制造检查委任代表(DMIR)的清单以及其权限范围。

2)申请人的系统级合格审定计划

申请人的合格审定计划应当至少包含以下内容:

(1)详细的系统描述,包括系统设计特点、系统功能、系统的示意图、子系统和/或组件的描述等。

(2)系统构型控制文件,包括选装设备文件和选装软件文件。

(3)供应商评审,包括供应商概述、供应商对申请人系统集成和飞机级符合性验证的支持计划以及TSO审定计划。

(4)预期的运行类型和相关的运行规章要求及其符合性考虑(例如,RVSM的要求)。

(5)与系统相关的审定基础。

(6)指导材料,包括咨询通告、工业界指导材料、标准等。

(7)交叉引用的其他系统的合格审定计划。

(8)如何表明符合性的说明(地面试验、试飞、分析或者其他可接受的符合性方法)。对符合性方法的描述必须充分,以确认能够得到所有必需的数据/资料并且能表明符合性。

(9)用于生成符合性验证数据/资料的试验件和试验所需设备的清单。对于试验件,还应确定其设计特性,以此作为制造符合性检查代表确认试验件符合试验要求(例如,尺寸或者公差带信息)的具体指导。对于试验设备,还应确定试验设置的相关信息,确定试验前如何校准和批准设备。

(10) 包括详细的试验计划的试验项目清单,以及制造符合性检查计划。应当指定负责的审查代表和委任代表。对于委任代表,还应确定其授权的范围以及是否能批准资料或者仅提出批准资料的建议。具体试验项目还应以表格的形式记录试验名称、试验简介和制造符合性检查计划等信息。

(11) 提交表明对审定基础的符合性的文档的清单。对具体的符合性报告还应以表格的形式记录报告名称、报告的摘要说明和相关的条款要求等信息。

(12) 对持续适航问题的说明,包括对审定维修要求(CMR)和主最低设备清单(MMEL)的说明。

3) 局方的合格审定项目计划

局方的合格审定项目计划是审查组组长的协调工具。该计划一般包含项目的受理通知书编号、申请的型号、审查组组长、审定基础等信息,这些信息一般包含在申请人的合格审定计划中。

5.4.2　局方对申请人的授权

在型号取证过程中,一个值得关注的发展趋势是,局方更加注重对申请人的授权,给申请人更大的权利,让申请人承担更多的责任。

1) FAA 的委任制度

FAA 的委任形式,主要包括委任个人代表和委任机构代表两类。委任个人代表主要包括工程委任代表、生产检验委任代表、委任适航代表,委任机构代表包括机构委任适航代表(ODARs)、委任改装站(DAS)、委任选择授权机构(DOA)和特殊联邦航空条例 36 部(SFAR 36)的授权,及最新的机构委任授权(ODA)。

工程委任代表主要处理工程方面的适航问题。

生产检验委任代表主要从事制造质量控制方面工作。

委任适航代表在其授权的职务范围内从事与批准和颁证相关的工作。

委任改装站(DAS)是 FAA 授权按照 FAR 21 部的要求颁发补充型号合格证的从事飞机改装设计工作的委任机构。

持有委任选择授权(DOA)的机构可以为小型飞机、滑翔机、通用类飞机、螺旋桨、小于 1000 lbf (1 lbf = 4.445 N)的涡喷发动机等进行型号、生产和适航审定,并为这些发动机、螺旋桨和产品的零部件颁发适航批准标签。

持有 SFAR 36 授权的机构准许合格的航空承运人、商业营运人和国内的维修站开发和使用大的维修数据而不用经过 FAA 的批准,对大的维修开发的技术数据根据产品的类型给予不同的授权。典型的主要产品类型有运输类航空器结构、复合材料、发动机和螺旋桨,大的维修还包括液压系统、航空电子设备等。

到 2006 年 11 月 14 日为止,FAA 不再受理 DOA, DAS, SFAR 36 和 ODAR

的授权申请,同时正式启动了 ODA 计划予以取代。ODA 是 FAA 当局主导的一种新的委任形式,是代表局方行使特定职能的一种授权,它允许机构代表局方执行与工程、制造、运营、适航和维修有关的特定职务。ODA 分为六种类型:TC ODA(型号合格证的机构委任授权)、PC ODA(生产许可证的机构委任授权)、TSO ODA(技术标准指令的机构委任授权)、STC ODA(补充型号合格证的机构委任授权)、MRA ODA(大的维修、改装和适航批准的机构委任授权)和 PMA ODA(零部件制造人批准书的机构委任授权),不同类型的 ODA 持有人所授权执行的职务范围有所不同。

2) EASA 的委任制度

EASA 没有委任个人的形式,而是在机构证明能够满足局方相关要求的前提下,给机构颁发相应证书并授予一定权限。机构并不代表局方,但可以在局方的授权范围内和监督下执行相关的授权任务。EASA 主要对设计机构颁发设计机构批准书(DOA)和对生产机构颁发生产机构批准书(POA),以达到对设计机构和生产机构的适航管理。

EASA DOA 持有人可以在批准书的范围内对型号设计及更改进行分类、批准型号设计的小改和小的维修设计更改、发布技术性的服务信息如服务通告、批准对航空器飞行手册的书面更改和对已经持有型号合格证或补充型号合格证的产品进行大的维修设计更改的批准。

EASA POA 持有人必须向局方表明其生产的产品、零部件和装置与适用要求相符合,在生产与设计之间取得了满意的协调和安排。POA 持有人必须证明已经建立了质量系统,确保机构生产的或机构的合伙人、外包商提供的每一件产品、零部件或装置符合适用的设计数据并处于安全运营状态。生产机构对影响到产品、零部件或装置的噪声、燃油排泄和废气排放,尤其是质量系统的任何更改,都必须得到局方的批准。

5.4.3　全面加强对新设计、新技术、新材料的审定

任何一种新设计、新技术、新材料在民用航空器上的应用,都有一个逐渐成熟完善的过程。为了保证民用航空器的安全,局方须全面加强对复杂系统、软件、安全性、复合材料等方面的审定。

系统安全性设计的要求最初来自 FAR 25.1309,之后 FAA 分别于 1970 年、1976 年和 1977 年在相应的修正案 25-23、25-38 和 25-41 中对 25.1309 进行了修订,形成目前的规章条款。1982 年颁发了 AC25.1309-1,其中解释了系统安全性的分析要求,并首次给出了可接受的符合性方法。1988 年 FAA 颁发了咨询通告 AC25.1309-1A,其中提高了系统安全性的设计要求并给出了相应的符合性方法;阐述了系统安全性评估的指导,包括定义安全性原则;给出了符合 FAR 25.1309 要求的方法;定义了失效状态、失效状态严重类别和概率术语;要求分析的深度;关于飞行机组错误和维修人员错误的考虑;环境方面及其研制错误方面的考虑等。

2002 年 6 月,FAA 和 EASA 共同起草了处于征求意见状态的 AC/AMJ

25.1309 - 1B(草案),进一步提出了下列要求:综合新的失效状态分类和概率要求;阐明符合性方法并提供更多的细节;强调特定风险;强调一架飞机潜在灾难性失效状态的总概率水平;允许环境条件的概率;认可 ARP4754 和 ARP4761 中的相关方法;认可 RTCA DO - 178B 和 RTCA DO - 254 中的相关方法,突出对于机载软件和机载电子硬件审查。

至此形成了以 ARP4761 为指导的系统安全性评估主体方法,并由 ARP4754 拓展了 ARP4761 中提出的系统安全性评估主体之外的考虑因素,ARP4754 初步提出了关于高度综合或复杂系统审定的考虑因素,提出了设计保证等级(DAL)的概念,强调了"双 V"(Validation 和 Verification)和过程控制的理念;以 DO178B 为指导的机载软件的审定考虑因素和以 DO254 为指导的机载电子硬件设计保证程序,全方位开始实施过程控制的理念,重点关注设计差错和系统需求的差错。这些材料构成了当前系统安全评估方法的整体原则。

在这四部指导材料中,ARP4761,ARP4754 颁布于 1996 年,DO178 颁布于1982 年(随着技术发展已于 1992 年改版为 DO178B),都已经有较长的使用历史和经验数据,基本证明了其可用性和正确性。在此过程中还形成了一定数量的辅助程序。尽管如此,经过十多年工业技术的快速发展,出现了一些新的技术特点,使得上述指导材料已难以满足航空工业部门的需求和审定工作的要求。例如对 ARP4754中提出的设计保证等级的分配策略的理解,曾在工业界存在较大差异,致使 FAA 于2004 年组织实力水平较高的航空企业对新的设计保证等级分配政策进行了研究和讨论。目前,欧美工业界和审定局方依然对这三部材料进行着持续深入的研究。

DO254 颁布较晚(于 2000 年),2005 年才被 FAA 认可,航空工业界和审定局方都普遍认为应用此指导材料存在困难。首先,DO254 作为新生的一种指导材料缺乏足够的使用数据以及案例经验作为支持;其次,DO254 中针对 A 级、B 级关键设备提出的高级验证分析方法,属于较新的概念理论方法,其大部分是在美国航空航天局(NASA)的项目下小范围使用过,缺少对外公开的技术说明和参照案例;再次,DO254 是一种贯穿研制过程的设计保证方法,虽然针对硬件开发过程提出了目标和要求,却并没有给出具体的执行方法和程序。为此,在 FAA 的支持下,2000 年NASA 兰里研究中心专门开展了一个的项目(开发了一种光学传输总线),它的一个重要目的就在于开发一个完全按照 DO254 研制硬件的案例。其开发过程与 FAA进行了良好沟通,并由 FAA 进行了预审定,FAA 也因此获得了实践的数据和经验。

在复合材料的审定方面,FAA 于 1984 年 4 月 25 日颁布了咨询通告 AC20 -107A。这也是目前复合材料适航审定的一份较系统、完整的文件,给出了一个可以接受但不是唯一的验证方法。每种结构所要求的试验件、分析的范围,以及考虑的环境影响是不同的,这取决于该结构的用途、选用材料、设计安全系数、失效准则、数据库等。适航审定一般采用试验支持的分析方法,这些试验包括试样、元件、细节件、组合件和全尺寸部件,其中环境影响通过试样、元件、细节件试验确定,并在分析中考虑。

咨询通报 AC20－107A 主要包含了如下的要求：环境要求（材料许用值、结构设计值、冲击损伤）、静强度要求（重复载荷、试验环境、工艺控制、材料分散性、冲击损伤）、疲劳和损伤容限等。AC20－107A 的核心内容为：

（1）建立环境设计准则，确定最苛刻的环境条件。材料的许用值和结构设计值应在该条件下进行验证。

（2）结构的静强度验证应在适当的环境条件下根据设计载荷作用下的部件级试验来进行。静强度验证中要考虑重复载荷作用下或者环境影响下可能导致的材料性能退化，以及结构性能分散性的影响。

（3）结构的损伤容限（破损－安全）评定。应对关键部件的元件、细节件和组合件进行疲劳试验，确定结构对损伤增长的敏感性。审定的重点是"损伤无增长"和损伤结构的剩余强度和剩余刚度。相应的维修计划包括检查间隔、检查范围和检查方法。在损伤容限评定中，还要考虑温度、湿度和其他环境因素的影响，以及飞行中可能产生的来自明显离散源的损伤。

（4）结构的疲劳（安全-寿命）评定。要进行部件级的疲劳试验，以进行疲劳评定，试验中要考虑适当的环境影响。疲劳试验还要评估冲击损伤对疲劳特性的影响。

（5）其他方面的验证，其中包括结构的颤振特性、意外冲击下的动态特性和结构完整性、材料的阻燃性、结构的防静电性能及雷击防护等。

在复合材料结构验证程序方面，MIL－Handbook－17 给出了"积木式方法"（The Building-Block Approach）。积木式方法将复合材料结构发展研制过程中最重要的试验验证环节分成 5 级，即试样（coupons）试验、元件（elements）试验、细节（details）试验、子部件（sub-components）试验和部件（components）试验。从试样试验到部件试验由下到上、样本容量由大到小如搭积木一样叠加起来，试验由下至上逐次进行。试样试件可能多达上千件；部件试件则只有 1～3 个，有条件时可用分析代替试验，但分析所用的方法需经过试验验证。这套方法在飞机复合材料设计与适航审定中，可以保证安全、减少风险、降低成本。但是，需要说明"积木式方法"对于小型飞机、直升机可能是不合算的。

随着复合材料技术的不断发展、新型复合材料的研制和复合材料在民用飞机上越来越广泛的应用致使一些新的问题逐渐暴露出来，近年也曾因为复合材料结构失效发生重大空难，例如 2001 年 11 月 12 日一架 A300－600 型飞机在从肯尼迪国际机场起飞后不久，其复合材料垂直安定面和方向舵从机身脱离，造成了机上所有 260 人和地面 5 人死亡的重大空难，这是首次在飞行中由于复合材料主要结构的失效而导致的严重空难，国家安全运输委员会经过将近 3 年的调查后发现此次事故是由于方向舵作用在垂直安定面上的载荷（见图 5.16）超过了极限载荷而导致垂直安定面与机身相连的耳片失效（见图 5.17）。这次空难暴露的一些问题促使 FAA 着手对 AC－107A 进行修定，并于 2009 颁布了 AC－107B。

图 5.16　失事飞机垂直安定面打捞

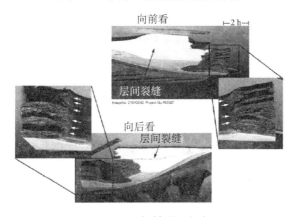

图 5.17　失 效 的 耳 片

　　AC20‐107B 强调了材料和工艺控制,提出了结构胶结的要求和符合性方法,以及环境耐久性试验要求;在静强度验证中提出了试验经验对分析验证的必要性,采用分析方法确定临界载荷和失效模式,给出了载荷放大系数的指南,以及全寿命疲劳试验后用极限载荷验证疲劳不敏感的方法;对于损伤容限和疲劳验证,提出了损伤威胁评估指南,给出了五类损伤的定义、损伤大小与剩余强度、检查间隔的关系;在颤振验证中提出了要考虑三类或四类损伤对操纵面或其他次要结构的影响;增加了持续适航的验证要求,包括基于维修的设计、修理的验证、损伤的检查与修理等;在附录中给出了复合材料或工艺更改的试验指南。

　　我国在 ARJ21‐700 中复合材料用量不到 2%。根据专家估计,未来先进复合材料将在国产大型客机结构中的用量达到 25%左右,应用范围将发展到机翼级主结构件,原材料也将努力实现国产化。这种复合材料用量及应用范围的跨越式发展,对我国大型客机的研发和审定都是一个巨大的挑战。

6　型号研制与合格审定过程

民用飞机适航审定工作贯穿于飞机研制的整个过程中,适航当局通过适航管理程序来规范民用飞机的适航审定过程,航空器设计制造部门也需要按照适航审定的相关程序进行适航符合性验证工作。本章主要对民用飞机型号研制过程进行概述,详细解释了适航当局规定的型号合格审定过程。

6.1　型号研制过程概述

通常民用飞机研制过程可分为立项论证、可行性论证、预发展、工程发展、产业化五个阶段。项目研制应按照阶段划分实行里程碑控制,阶段之间通常会有交叠,各阶段的工作内容可以根据项目实施的实际情况作适当调整,每个阶段的输出是下一个阶段的主要输入。

6.1.1　立项论证阶段

立项论证阶段的目标是根据发展规划和市场需求,形成项目研制设想,完成项目立项论证工作。在国家或有关机构的民用飞机发展规划中已列民机项目,应首先进行立项前的论证工作,提出项目建议书,报有关部门审批立项。

项目建议书主要对以下内容进行阐述:

(1) 项目提出的目的、必要性和依据。

(2) 基本技术要求和主要性能指标等。

(3) 国内外市场需求情况的初步预测,国内外同类飞机的现状和发展趋势的初步竞争分析。

(4) 研制总经费的初步估算(含研制部门和行业配套部门的科研手段和技术改造、基本建设、使用维护等投资)和资金来源,经济效益和社会效益初步估算。

(5) 研制周期初步预测。

(6) 技术经济可行性初步分析,包括投资效益和风险技术分析。

本阶段的主要工作是对发展新型民用飞机项目进行"航空环境"的评估,是飞机的设计、生产、市场、商务、材料、计划等专业人员对所要立项的飞机进行初步的全面探讨。项目建议书的批准标志着本阶段工作的完成。在本阶段还应对适航审定基础和取证进行初步分析。

6.1.2 可行性论证阶段

项目建议书批准后即可进入技术经济可行性论证阶段,可行性论证阶段的目标是根据立项论证的目标和要求,对项目的技术和经济可行性进行综合研究,选定最佳产品目标和研制方案,并最终通过相关部门的评审。型号研制总体单位负责技术经济可行性论证工作,并将可行性报告报归口部门,经评审后报有关部门审批。

技术经济可行性论证报告主要对以下内容进行说明:

(1)国内外市场需求调查分析,包括:市场范围、需求量、基本技术要求,以及国内外同类机型的现状和发展趋势的对比及竞争分析意见。

(2)技术要求、性能指标和初步设计方案,需要采用的新技术、新材料和实现的途径,需要补充、改造的科研和生产条件(含国外合作)。

(3)研制总经费概算(含研制部门和行业配套部门的科研费、科技手段和技术改造、基本建设费,以及使用维护等费用),单机成本,销售价格和直接使用成本的预测,以及生产的经济批量和盈亏平衡点等经济可行性分析。

(4)研制周期预测及系统工程网络图。

(5)提出切实可行的技术经济可行性论证报告及满足适航要求的可行性分析。

本阶段主要工作是在项目建议书基础上作进一步论证分析,重点进行技术、进度、经费、风险分析与评估,以及实施途径的论证。此阶段还应包括寻求合作对象和研制分工等。可行性研究报告评审的通过标志着本阶段工作的完成。在本阶段还应分析适航审定基础与飞机顶层需求,论证适航取证实施方案及适航取证能力。

6.1.3 预发展阶段

可行性报告论证并批准之后,即进入预发展阶段(总体方案论证阶段)。预发展阶段的目标是针对可行性论证确定的飞机设计依据和设计要求,权衡细化,形成初步总体技术方案,进行初步设计方案设计。总体技术方案冻结并获得批准,标志着本阶段工作完成。

在此阶段要对研制经费、研制周期、研制计划作详细规划;对成本、售价、盈亏平衡点等财务作预测和评估;对研制途径、合作方式、生产分工、融资手段等提出最终决策;进行飞机初步设计,对基本总体方案不断修改、完善与发展,直至总体方案冻结,形成飞机最终的总体方案并编写总体方案论证报告。

总体方案论证报告主要对以下内容进行说明:

(1)型号总体参数、总体布局图及主要性能指标。

(2)实现上述指标的技术方案及其说明。

(3)研制计划,系统工程零级网络图。

(4)研制经费总概算、分年度指标,单机成本,销售价格和直接使用成本,生产的经济批量和盈亏平衡点。

(5)飞机系统采用的标准和规范。

(6)科研和生产条件的补充、技术改造和基本建设方案。

（7）纲要性工作分解结构。

（8）标准化大纲，标准件、材料和工艺等标准选用原则。

（9）主要的新成品、新材料和新技术项目。

（10）重大地面试验项目和试飞项目。

（11）型号合格审定基础和专用条件、符合性分析、适航审查计划。

（12）型号研制文件管理制度和技术状态管理的意见。

在总体方案论证阶段，还要开展以下工作：

（1）根据系统规范制定分系统和单项设备的研制规范，建立分配基线。

（2）进行系统和分系统的技术设计，完成设计打样图及有关技术文件。

（3）提出材料和成品要求，进行成品协调，签订研制或采购合同。

（4）对采用的新技术及对型号研制有重大影响的重要系统或单项设备确定试验项目，进行原理样机或原理性试验，以最大限度减小风险。

（5）编制地面设备和随机工具初步配套目录，提出系统、分系统和成品的接口控制要求。

（6）编制试验与试飞总规划，制订系统和分系统的试验计划、试验任务书、试飞大纲和其他有关文件。

（7）制订研制计划和一级网络图，以及各系统的二级网络图。

在此阶段归口工业部门根据对型号研制总体方案的审批意见，向型号研制总体单位下达型号研制任务书，型号正式开始研制。经批准的总体方案作为型号研制、研制经费包干和申请适航审定的依据。型号研制任务下达后，按型号研制系统工程网络图开展研制工作。在方案冻结后，研制总体单位按规定向适航当局提出型号合格证申请，确定初步审定基础，编制初步符合性验证计划，建立符合适航要求的设计保证体系。

6.1.4　工程发展阶段

工程发展阶段的目标是综合考虑项目技术、制造、质量、经济性、适航审定等问题，进行产品详细设计、试制和试验等。

型号合格证（TC）的颁发和首架交付标志本阶段工作结束。在此阶段应确定适航审定大纲，编制符合性验证计划，和适航当局共同开展适航符合性验证工作，取得型号合格证（TC），并建立飞机持续适航体系。

6.1.5　产业化阶段

产业化阶段的目标是持续取得订单和改进产品和服务，扩大市场份额。根据市场订单，制定生产纲领，建立生产管理模式和商务运行模式，完成生产的能力建设，有效控制成本，确保准时交付，进而取得商业成功，实现良性循环的产业化发展。

在此阶段，应申请生产许可审定（PC），并进行产业化适航管理，建立飞机持续适航服务体系，建立完整的更改系统，设计或生产引起的各种更改必须保证生产线上飞机构型控制的有效性，重大更改必须保证与已交付用户飞机的一致性。联络适航当局,编发各类服务通告,以确保产品的飞行安全。

6.2 型号审定过程

6.2.1 TC 审定过程

型号合格证(TC)是适航当局对民用航空器(包括正常类、实用类、特技类、通勤类和运输类)载人自由气球、特别类航空器、航空发动机、螺旋桨设计批准的合格凭证。具有设计民用航空产品能力的申请人如已具备申请型号合格证的资格,可按照民用航空产品、零部件合格审定规定的有关要求向适航当局提出申请。运输类航空器型号合格证申请书的有效期为 5 年,其他类为 3 年,如果申请人在提出申请时证明其产品需要更长的设计、发展和试验周期,经适航当局审查批准,申请书有效期可以延长。适航当局在收到申请人提交的 TC 申请书和所附的资料后,在指定项目主管部门进行初步评审后,在 90 天内决定是否受理申请。若同意,则发出受理通知书;不受理,则用函件正式通知申请人。经审查符合适航要求后,颁发 TC。

CAAC 发布的型号合格审定程序(AP - 21 - 03)中规定了民用航空产品型号合格证的申请、审查、颁发的要求和管理规定。型号合格审定过程按民机型号研制生命周期可划分为概念设计、要求确定、符合性计划制定、计划实施和证后管理五个工作阶段。图 6.1 给出了典型的型号审定过程模型及其与研制过程的对应关系,对于关键节点和主要工作,可依据具体项目做相应的调整。在型号合格审定过程中,局方和申请人一般遵循相互信任的原则,以保证各阶段的审查活动顺利进行。

6.2.1.1 概念设计阶段

概念设计阶段指意向申请人在对潜在的审定项目进行概念设计,尚未向适航当局提出型号合格证件申请这一阶段。概念设计阶段并非适用于每一个型号合格审定项目,对于简单的型号项目或有取证经验的型号合格证件持有人,可根据实际情况跳过此阶段,直接进入下一阶段。

概念设计阶段的目的是向意向申请人提供有关适航规章及审定程序等方面的宣传、帮助和指导,与意向申请人建立安全保障合作关系,确保适航当局审查部门尽早介入潜在的审定项目,并对某些重要领域和对规章相关要求符合性的问题与意向申请人达成共识,为后续审查活动的顺利开展奠定基础。

概念设计阶段主要开展以下工作:

(1) 型号合格审定过程的宣传贯彻。

(2) 安全保障合作计划(PSP)的签署或修订。

(3) 适航当局适航规章的指导。

(4) 潜在审定项目的熟悉。

(5) 合格审定计划(CP)的讨论。

(6) 设计保证系统的初步评估。

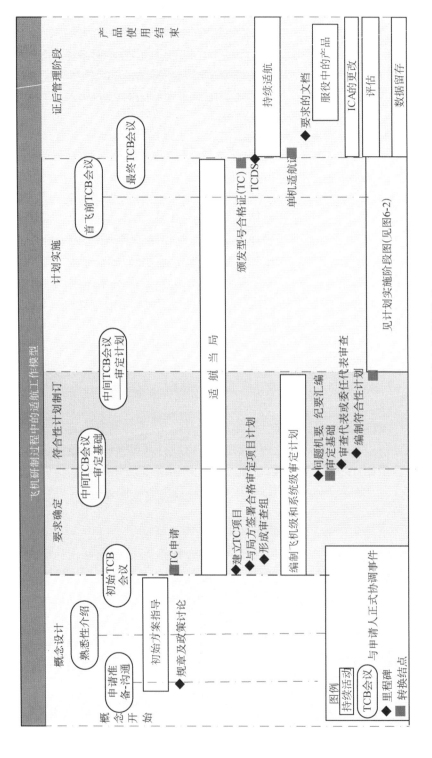

图 6.1 型号合格审定过程模型

6.2.1.2 要求确定阶段

要求确定阶段是指意向申请人向适航当局提出了型号合格证件的申请,适航当局对申请进行受理并确定适用的审定基础。

要求确定阶段的工作旨在明确产品定义和有关的风险,确定需要满足的具体规章要求和符合性方法,识别重大问题,编制专项合格审定计划(PSCP)。

要求确定阶段应遵循已签署的 PSP,主要开展以下工作:

(1) TC 申请。

(2) 受理申请。

(3) 首次 TCB 会议前的准备。

(4) 召开首次 TCB 会议。

(5) 编写合格审定项目计划(CPP)。

(6) 编写专项合格审定计划(PSCP)草案。

(7) 编写问题纪要。

(8) 问题纪要的汇编。

(9) 专用条件、等效安全和豁免的审批。

(10) 召开中间 TCB 会议。

6.2.1.3 符合性计划制订阶段

符合性计划制订阶段的目的是完成专项合格审定计划(PSCP),将 PSCP 作为双方使用的一个工具,管理合格审定项目。本阶段应遵循已签署的 PSP 和审定计划(PSCP)的规定,主要开展以下工作:

(1) 确定审查组直接介入的范围。

(2) 确定委任与监督的范围。

(3) 确定制造符合性检查计划。

(4) 完成专项合格审定计划。

(5) 召开中间 TCB 会议——同意专项合格审定计划。

6.2.1.4 计划实施阶段

计划实施阶段是局方和申请人执行经双方共同签署的专项合格审定计划(PSCP),展开具体的验证、符合性表明和符合性确认活动的阶段,具体过程模型如图 6.2 所示。

本阶段应遵循 PSP 和 PSCP,申请人应和局方密切合作,对已经签订的 PSCP 进行管理和完善,确保 PSCP 中的所有要求得以满足,在实施过程中不断评估计划的执行情况并及时修订 PSCP,检查符合性检查单的完成情况。

本阶段开展的主要工作如下:

(1) 验证试验。

(2) 设计符合性检查。

(3) 分析。

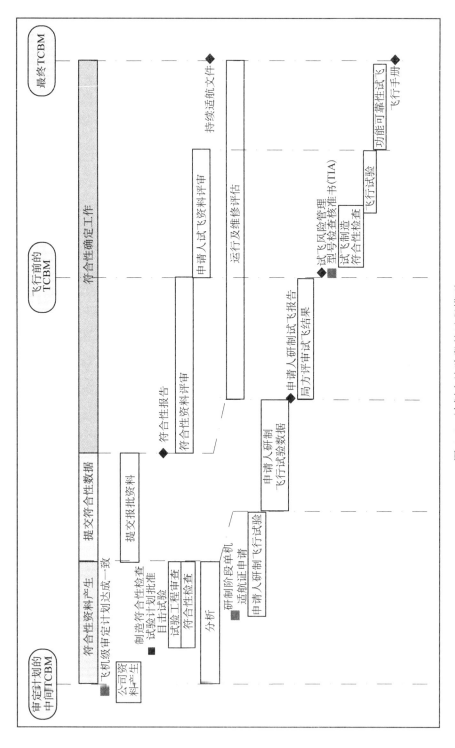

图 6.2　计划实施阶段的过程模型

（4）申请人的飞行试验。

（5）表明符合性。

（6）提交符合性证据资料。

（7）提交申请人的飞行试验数据和报告。

（8）提交符合性报告。

（9）评审符合性资料。

（10）评审申请人的飞行试验结果。

（11）飞行试验风险管理。

（12）合格审定飞行试验前的 TCB 会议。

（13）签发型号检查核准书（TIA）。

（14）合格审定飞行试验的制造符合性检查。

（15）合格审定飞行试验。

（16）运行和维护的评估。

（17）审批持续适航文件（ICA）。

（18）功能和可靠性飞行试验。

（19）编制及审批《飞机飞行手册》。

（20）最终技术资料的工程评审。

（21）召开最终 TCB 会议。

（22）颁发型号合格证、型号设计批准书及数据单。

6.2.1.5　证后管理阶段

证后管理阶段是指颁发 TC 之后，进行项目的型号合格审定工作总结、资料保存、证后评定等收尾性工作。该阶段的工作为航空产品整个生命周期内的持续适航工作以及合格证件管理奠定基础。

证后管理阶段应遵循 PSP，按 PSCP 实施管理，重点放在持续运行安全方面。主要工作包括：

（1）完成型号合格审定总结报告。

（2）完成型号检查报告（TIR）。

（3）保持持续适航性。

（4）设计保证系统、手册及其更改的控制与管理。

（5）持续适航文件（ICA）的修订。

（6）证后评定。

（7）数据资料保存。

（8）航空器交付时的必要文件。

6.2.2　PC 审定过程

生产许可证（PC）是指适航当局对已获得民用航空器产品设计批准欲重复生产该产品的制造人所进行的资格性审定后的最终批准形式，以保证该产品符合经适航部门批准的型号设计。制造人在获得民用航空器的型号合格证或权益转让协议(或补充型号合格证)后,均可申请生产许可证。按照民用航空产品、零部件合格审定规定的有关要求向适航当局提出申请。适航当局在收到申请提交的 PC 申请书和所附的资料后,在 30 天内进行初步评审,根据初审结果决定是否受理。若同意,则发出受理通知书;不受理,则用函件通知申请人。经审查确认申请人的质量控制资料、组织机构、生产设施符合要求后,颁发 PC。

CAAC 发布的生产许可证和监督程序(AP‑21‑04)规定了民用航空产品生产许可证的申请、审查、颁发要求,以及对生产许可证持有人的监督和管理规定。

6.2.2.1 与型号取证阶段的协调

TC 持有人或持有 TC 转让协议书的生产制造人,具有申请生产许可证的资格,应根据申请取证的型号研制计划和型号合格取证节点,协调申请 PC 和取得 PC 的时间节点,尽可能在 TC 申请人取得 TC 的最短时间内取得 PC,缩短 TC Only 的时间,尽可能在首架交付机在按照有关规定提供资料后,无需进一步验证和适航当局的检查,即可获得单机适航证。

6.2.2.2 取证工作流程

负责生产制造的适航管理部门组织取得生产许可证的工作,与适航当局协调 PC 审查,主要工作内容有:

1) 申请前准备工作

在型号研制进入全面试制阶段前,要准备开始建立生产质量控制保障体系,主要工作包括:

(1) 完成与生产组织机构手册以及有关的文件草案。

(2) 运行生产质量控制保障体系。

2) 申请

向适航当局提交下述文件:

(1) 提交 PC 申请书(AAC‑DO17)。

(2) 有关生产技术、工程保证能力(包括组织机构、生产设施,包括供应商、设备及合格人员)的说明。

(3) 有关生产质量控制体系的说明。

3) 首次 PCB 会议(申请受理后)

适航当局组织首次 PCB 会议,主要工作包括:

(1) 讨论和审议申请人提交有关质量控制系统、组织机构和生产能力的说明性材料。

(2) 讨论和审议申请人授权供应商检查零部件以及本厂进行入场复验的原则。

(3) 审议审查组成员资格和成立审查组(PCT)。

(4) 讨论和确定 PC 合格审定计划。

4) PCT 会议(首次 PCB 会议后)

根据首次 PCB 会议形成的纪要和确定的合格审定计划,审查组开始审查工作。

(1) 申请人按照审定计划,准备有关质量控制资料。

(2) 组织审查代表进行质量控制资料的评审。

审查代表按照 AP - 21 - 04R3 的附录"航空器合格审定系统评审大纲"对申请人提供的资料进行全面的评审,已确认其是否符合 CCAR21 部第 21.143 对质量控制系统及资料的要求。对质控资料发现的问题,用系统评审记录表(AAC - 105)记录,在评审结束后用适航管理文件或函件通知申请人。在完成质量控制资料审查后并确认符合 CCAR21 的第 21.143 有关要求后,以适航管理文件或函件的形式批准申请人的质量手册。

(3) 组织审查代表进行第二阶段的现场评审。

审查代表依据经批准的申请人质控资料,并参照 AP - 21 - 04 附录"航空器合格审定系统评审大纲"给出的评审准则,通过评审申请人质量控制系统的系统要素的运转情况和有效性来判定质量控制系统是否符合 CCAR21 部第 21.139 和质量控制体系的要求,能否全面的贯彻执行质量控制资料的有关规定,保持持续生产出符合经批准的型号设计并处于安全可用状态的产品和零部件。

5) 最终 PCB 会议(颁证前)

(1) 准备有关会议文件,配合审查组准备审查报告。

(2) 参加 PCB 会议,审查组向 TCB 提交审查报告并提出颁发 PC 的建议。

6) 审批

获得适航当局颁发的 PC。

7) PC 证后管理

生产设计批准书持有人应通过建立有效的内部审核机制,保持其生产质量控制系统持续符合获得生产许可证时批准的生产质量控制资料和程序。必须接受适航当局的监督和检查,保证其生产的每一产品及其零部件符合经批准的型号设计并处于安全可用状态,主要完成以下工作:

(1) 组织安排适航当局指派的主管检查员对其生产质量控制系统的若干个系统要素进行的经常性评审活动(即主管检查员评审),包括随机监督和日常监督。

(2) 对于任何影响产品的检验、符合性、或适航性的质量控制系统的更改,都应立即通知适航当局指派的主管检查员。

(3) 组织安排适航当局对生产质量控制系统两年一次的全面复查。

(4) 对其供应商持续监督和检查,以保证其遵守 CCAR21 的有关要求,并接受适航当局的检查。

6.2.2.3 航空器合格审定系统评审大纲

航空器合格审定系统评审大纲提供了 PC 现场评审的准则,用于记录生产批准书持有人进行系统要素评审的结果,具体包括:

1) 组织管理要素

该系统要素描述了被评审工厂设计控制和生产的组织管理机构和职责,包括将特殊情况通知给适航当局所采用的程序和方法,这些特殊情况在适航用的适航规章中有规定,如重要的或报告的失效、故障、缺陷的记录、报告、调查、原因确定和有效的纠正措施。同时也描述了工厂为确定他自己的能力和程序,对已建立的政策和指导性材料的符合性而进行的内部审计。

2)设计控制

该要素是关于已获适航当局批准的型号设计(包括更改)进行控制、管理和保存的要求。被评审工厂程序的规划及其完整性应确保能够持续地保持为定义产品构型和设计特征所必需的设计资料、图纸、零部件清单和规范的完整性,同时也包括用于经合格审定的航空器和相关产品上的软件。

3)软件质量控制

该要素评估被评审工厂程序的计划性和完整性,使安装在经型号合格审定的航空器及其相关产品上的软件(机载软件)持续地保持完整性,同时也持续地保持用于产品验收的软件和硬件的完整性。应当采用 RTCA 文件 DO - 178"机载系统与设备合格审定中的软件评审方法"(最新版)或等效方法,作为机载软件控制的指南。

4)制造过程

该要素对于器材、零组件或装配件的接受、加工或制造、检验、试验、储存和准备发运提出了专门的规定。这些规定分类有:制造和特种工艺,器材接受、搬运和储存,适航性审定。

5)制造控制

该要素中给出的措施使得生产批准书持有人保证所加工、试验和检验的原材料、零件和装配件符合经适航当局批准的设计。制造控制也包括评审和批准那些由于偏离设计资料而被扣留,但又考虑到将其安装到最终产品上的原材料和零件的方法。出于评审的目的,这些活动可分为:统计质量控制(SQC)(抽样统计、预控制和统计过程控制)、工装和量具、试验、无损检测、不合格器材。

6)供应商控制

该系统要素的职能旨在确保被评审工厂的供应商的器材、零组件和服务经适航当局批准的技术。具体包括以下内容:

(1)配合审查代表在现场评审进行的产品评审。

通过对检查零部件关键尺寸特性和关键工艺的控制来评审系统的有效性和产品的适航性,以判定申请人质控系统的运转情况和有效性。

(2)配合审查代表评审申请人对供应商的控制。

对审查中依据附录"航空器合格审定系统评审大纲"评审准则判定不符合项,并用表 AAC - 163 记录已确认的不符合项。

(3)跟踪对审查中提出的问题和建议的整改和纠正措施执行情况。

6.3　符合性验证规划和计划

申请人在申请取证项目/型号研制的早期阶段,应尽早与适航当局和适航部门接触、沟通,明确适用的适航要求,签订安全保障合作计划(PSP),以保证申请人和局方能够在型号研制的早期达成一致的协议和工作方法。双方应在型号技术规范中引用和贯彻适航要求,在设计评审过程中检查定义与适航要求的一致性,制定适航符合性验证规划和计划,在取证与研制计划中应协调重要里程碑,并将符合性验证计划纳入整个项目研制计划中,通过项目管理部门的项目计划管理,组织项目团队完成适航符合性验证工作。

符合性验证计划应当包含申请人表明符合性的细节。完备的合格审定计划能够提供只要成功执行该计划就能表明符合性的信心和全部必要信息,内容应包括全机级的专项合格审定计划(PSCP)和系统/专业级的合格审定计划(CP)。

6.3.1　安全保障合作计划(PSP)

安全保障合作计划(Partnership for Safety Plan,PSP)是局方与申请人之间的框架性书面协议,申请人可以是飞机制造商,也可以是设备制造商等。PSP 不针对具体的型号,只规定用于管理和指导项目适航工作的总体原则和方法。

PSP 规定了用于制订产品合格审定计划的总体程序,制订了总体时间进度和预期目标,并为以后的合格审定的计划编制和实施提供了通用性的管理原则和方法,诸如使用委任体系、制造符合性检查、交流沟通、解决争议问题的一般方法和程序以及评估项目过程的一般准则。

PSP 是局方和申请人共同制订并持续修订的重要文件,旨在为飞机/项目适航合格审定的顺利开展和持续运行安全奠定基础。为了尽早识别和确定重大安全问题及其解决方案,PSP 建立了相应的工作开展原则和工作程序。局方和申请人在PSP 中的职责主要是负责提供与飞机设计制造和适航管理方面相关的沟通平台,以便交流、研究和讨论,使产品审定过程更有效,更便捷。

原则上,每个申请人只需要和局方签订一份 PSP,建立起局方和申请人的互相信任、合作关系、团队工作和有效工作方法。如果申请人的项目需要多个审定机构的认可,可能会需要与其他审定机构签订 PSP。如果申请人的公司结构是跨区域的,而且需要和不同的审定机构协调,那么也可能需要签订多份 PSP。当需要其他审定机构参与时,申请人应将已签订的协议文件与其他审定机构共享,并将已签的PSP 作为模板,用于编制其他 PSP 文件。

PSP 是一份动态文件,经申请人和局方双方协商同意可进行修订,修订后的版本须重新签署才能生效,可采用版本管理。作为一份顶层协议通常不采用申请人工程体系文件的封面格式进行管理。

PSP 的内容和格式可依据不同的项目进行适当处理,以满足局方和申请人的需要,PSP 中应规定早期确认重大争议问题和解决问题的原则和程序,其基本内容包括目的、有效性、安全保障合作、持续改进、签署五个部分:

1)目的

阐明 PSP 的编写目的和实现目标。

2）有效性

阐明 PSP 如何保持有效，及如何进行修订改版。

3）安全保障合作方面应包含以下内容

（1）申请人和局方同意按 PSP 所述的原则和工作标准，确定并计划重要问题的解决方案。例如对于新的设计、新技术、新材料、新工艺，可能的专用条件、豁免或等效安全，双方应达成一致意见，确保合格审定工作的顺利开展。

（2）应当规定局方和申请人在审定过程的职责，局方将考虑最大限度地使用委任代表，并根据工作的需求和委任代表的专业技术水平、经验和工作性质，授权一定数量的委任代表（DER/DMIR）代表局方开展审查工作，以提高效率、减轻双方的工作负担。申请人也应根据项目的进度和工作需求，向局方推荐并设立专职委任代表，协助局方专职从事民用运输类飞机项目的适航合格审定工作。

（3）应当明确规定局方和申请人之间的交流协调的渠道，并应当确定专业联络人员，按照设计分工和专业划分设置专业联络人，确保各有关负责人了解情况，以便解决问题。

（4）制造符合性检查要求，诸如重要生产工艺、新材料、新工艺、实施和管理问题，申请人和局方应共同按照民航规章的要求，制订符合性检查计划和管理程序，按计划实施制造符合性检查。

（5）对于某些关键的工作成果，如 PSCP 草案和 TCB 会议，均应当尽可能规定其时间节点，以便实现飞机项目在预期的时间内取得设计批准和生产批准的目的。

4）持续改进部分应包含以下内容

（1）在编写计划文件时，应承诺按照项目计划实施管理，及早地判定和解决存在的争议问题，从而使合格审定达到预期的目标。

（2）在本节中应提供项目实施方法，并按照时间节点制定工作规范。

（3）定义阶段评估检查单，并作为 PSCP 里程碑的一部分，对项目进行管理。评估检查单的具体内容参见 AP - 21 - 03R4 附录 K 的相关部分。

5）签署

局方和申请人高层领导代表应签字证明同意 PSP 的条款。

6.3.2 专项合格审定计划（PSCP 和 CP）

专项合格审定计划（Project Specific Certification Plan，以下简称 PSCP）的目的是将合格审定的要求和适航验证任务以书面的形式予以明确，以便审查方和局方共同按计划完成审定工作。PSCP 为项目建立期望目标，解决项目中出现的实际问题，它不具有法律约束力，而只是一个局方和申请人互相认可的声明，用于确保该项目的成功。

PSCP 中的内容由申请人的合格审定计划和局方的合格审定项目计划（Certification Project Plan，以下简称 CPP）中的内容，以及该项目特有的其他信息组成。申请人的合格审定计划指申请人编制的、用于表明符合性的计划。局方的

CPP 是审查组组长的协调工具,主要用于定义具体型号合格审定项目中局方审查组内部的工作关系。

如果申请人的系统级或专业/系统级合格审定计划中包含了 CPP 的相关信息,并根据系统或专业/专题的具体内容进行适应性调整,通常可以不编制专业/系统级 PSCP,而由申请人的专业/系统级合格审定计划来代替。

在产品合格审定过程中,PSP、PSCP 以及 CP 的编制和实施应贯穿整个审定过程。PSCP 将为局方和申请人之间建立相互信任、团队合作以及高效商业运作奠定基础。双方的共同目标是满足或超出这一计划的期望值。PSCP 将根据 PSP 的有关原则执行。

不同的项目可对 PSCP 的内容和格式进行适当的编排处理以满足局方和申请人的需求。PSCP 应包含 PSP 未详尽描述的内容,并包含适当的程序、协议及其他与项目相关的因素。PSCP 是一份动态性文件,如果局方和申请人认为有必要对 PSCP 进行修改,则可起草修正草稿。随着项目的进展,局方和申请人项目负责人应共同负责管理和维护 PSCP 的有效性,PSCP 可以通过升版次的方式进行管理。

对每一项目均应编制 PSCP,并据此开展相关工作,根据项目的级别不同可分为飞机级 PSCP 和系统级 PSCP。

对于飞机级项目,PSCP 可分为项目级/飞机级 PSCP 和专业级/系统级 PSCP。其中,对主机承制单位而言,"项目"是飞机级的,项目级/飞机级 PSCP 应反映出飞机项目的总体信息,并给出拟制定的系统级或专业/专题级 PSCP 的清单。对系统/设备供应商而言,"项目"则是系统/设备,PSCP 应描述特定系统/专业的审定计划和相关信息。

6.3.2.1　飞机级 PSCP

PSCP 的基本内容应包含有效性、产品合格审定、生产合格审定、证后要求、项目问题计划、持续改进、签署,具体如下:

1) 目的

阐明 PSCP 的编写目的和实现目标。

2) 有效性

阐明 PSCP 如何保持有效,及如何进行修订改版。

3) 产品合格审定

应包含以下内容:

(1) 对项目的简单描述,例如项目的基本介绍,飞机的性能、尺寸以及设计重量等;所有和飞机相关需要审定的项目在此部分均应有相关内容的描述,对于一个新研项目,在此部分应该简要说明飞机的基本数据,如座位数、机翼位置、发动机类型和数量、设计重量以及巡航速度等指标,并应给出飞机的三维图作为参考;

(2) 提供项目的详细进度表,以确定主要的里程碑和项目节点;包括诸如项目管理评审和任何必要的阶段性工作成果。这些里程碑需根据 PSP 中制定的工作规范进行确定。一份可行的进度表,应当计划并考虑到设计、生产、运行和维修,以及国外适航当局认可要求等因素。在进度表中还应包括所有的问题纪要,同时附有决议计划及拟解决问题的优先次序。在进度表中应包括项目进行过程中阶段性的工作成果。

(3)确定项目的型号合格审定基础。其中包括适用的规章、专用条件、等效安全和豁免条款;根据 CCAR - 21 - R3 的第 21.17 条拟定适用的规章,如有新颖或独特的设计特征,编写专用条件草案。

(4)对型号合格审定所需的符合性方法进行详细描述,确定符合性方法表和符合性检查单,按照适用的条款将符合性验证工作细化落实,明确每一条款所对应的负责人及相关的验证报告。

(5)描述局方和申请人(必要时需包括联合制造商、供应商、航空当局等)之间的沟通和协调机制,并应明确定义协调部门及其职责。

(6)应确定委任代表的监督和记录要求。委任代表对其完成的审查文件及记录,应及时提交所在单位适航部门,协调所在专业的适航审查工作。申请人应给出所有委任代表的清单(包括 DERs,DARs 和 DMIRs),若 PSP 中已包含相应的内容,也可索引已有的工作程序。

(7)应包含对局方所要求试验的计划、准备及执行的要求,其中包括合格审定飞行试验和制造符合性检查。制造符合性检查计划主要针对修理、改装和型号合格审定阐明相应的检查工作,以保证所有的制造符合性检查及其相关活动能够随项目的进展及时进行。合格审定飞行试验应依据型号检查核准书(TIA)的要求进行。

(8)应定义对符合性文件的提交和处理程序。这些资料不仅包括与型号设计定义有关的图纸,还应包括制造规范和可表明符合性的所有资料,比如试验大纲、试验报告、试验设施简图、试验仪器、图纸、分析(强度、安全性和损伤容限分析等)、材料或工艺规范、手册等。

4)生产合格审定

CAAC 和申请人之间应就在项目型号合格审定过程中有关预投产的程序达成一致意见。

5)证后要求

应 CAAC 和申请人在首架飞机交付后或标准适航证颁发后如何处理持续适航问题进行规定。

6)项目问题计划

在项目合格审定过程中,申请人项目负责人和 CAAC 审查组组长将共同负责维护项目问题跟踪。其中应包括存在的问题、问题解决的计划和时间节点,以及相关负责人。

7)持续改进

应提供飞机项目的改进实施方法,当实施改进时,应视情对于 PSP/PSCP 进行修订。

8）签署

由型号项目经理与局方型号合格审查组组长共同签署。

6.3.2.2 系统级 CP

专业/系统级 CP 应当充分考虑申请人的专业分工，在文件中应当结合系统的设计特点和适航条款的要求，论述申请人预期如何表明符合性的说明，如果 CP 内容发生变化，可以通过升版次的方式进行管理，并纳入申请人的工程文件体系。CP 中至少包含以下内容：

（1）详细的系统描述，包括系统设计特点、系统功能、系统的示意图、子系统和/或组件的描述等。

（2）提供系统研制的详细进度表，以确定主要的里程碑和项目节点，包括提交审定计划的日期，以及受理申请的日期，符合性验证资料的提交日期，制造符合性检查和试验完成日期以及预期完成型号合格审定的日期等等。

（3）功能危险性评估概要（适用于飞机上所有系统、不适用于结构和性能专业）。

（4）与系统或专业/专题相关的审定基础，其中包括适用的规章和所有局方提出的附加要求。

（5）符合性方法，符合性方法表，以及如何表明符合性的说明（地面试验、试飞、分析或者其他可接受的符合性方法）。对符合性方法的描述必须充分，以确认能够得到所有必需的数据/资料并且能表明符合性。

（6）用于表明对适用审定基础符合性的文件清单，该清单可记录符合性表明工作的完成情况。进行这项工作时可以采用符合性检查单的形式，按适用于产品的适航要求的每一条款列出。

（7）用于生成符合性验证数据/资料的试验件和试验所需设备的清单。对于试验件，还应确定其设计特性，以此作为制造检查代表确认试验件符合试验要求（例如，尺寸或者公差带信息）的具体指导；对于试验设备，还应确定试验设施的相关信息，确定试验前如何校准和批准设备；对于上述的详细信息，可引用具体的试验大纲。

（8）预备工程委任代表（DER）和生产检验委任代表（DMIR）的清单，给出其权限范围以及是否能批准资料或者仅提出批准资料的建议。

（9）提交表明对审定基础的符合性的文档的清单。对具体的符合性报告还应以表格的形式记录报告名称、报告的摘要说明和相关的条款要求等信息。

（10）对持续适航问题的说明，包括审定维修要求和主最低设备清单（适用于飞机上所有系统、不适用于结构和性能专业）。

关于 PSCP 和 CP 的样例模板可参见 AP－21－03R4 附录 L 相关部分。

6.3.3 审定基础确定

PSCP 的内容中应涉及审定基础的确定，符合性方法的选择以及符合性验证工作的具体细化工作。下面对 PSCP 中的部分关键内容做进一步的解释。

审定基础是由申请人提出并经型号合格审定委员确定的、对某一产品进行型号合格审定所依据的标准,是申请人表明符合性的重要依据,一般包含以下要素:

1) 适用的适航标准

对于运输类飞机(如大型客机项目),常用的中国民用航空规章一般包括:

(1) 25 部《运输类飞机适航标准》。

(2) 34 部《涡轮发动机飞机燃油排泄和排气排出物规定》。

(3) 36 部《航空器型号和适航合格审定噪声规定》。

2) 等效安全水平(Equivalent Level Of Safety,ELOS)

当一项设计不能表明对于条例的符合性,但可通过采用设计补偿措施来表明提供与适航标准建立的同等安全水平时,则可以由适航部门做出 ELOS 的确认。一项 ELOS 确认,可以记录表明一种不同于规章要求的但是被适航当局判定为是可接受的符合方法。在型号合格审定中等效安全的审批程序如下:

(1) 申请人向审查组提交等效安全水平的建议。

(2) 为了证明等效安全水平,申请人提交的资料应至少包括下列内容:

(a) 列出相应的条款。

(b) 说明等效安全水平所要求的设计特征。

(c) 陈述等效安全水平所带来的任何设计更改、限制或设备。

(d) 说明如何采取措施达到条款要求的等效安全水平。

(3) 审查组审查后以问题纪要形式提交 TCB 审议批准。所有等效安全条款应作为审定基础的一部分列入型号合格证数据单。

3) 专用条件(Special Conditions,SC)

是民航局针对某一产品颁发的、对某些新颖或独特的设计而补充的安全要求,专用条件所规定的安全要求应具有与现行适航标准等同的安全性水平。

(1) 专用条件的提出是在责任审定单位受理申请后,适航当局根据 CCAR - 21 - R3 第十六条的要求,在初步评审中提出专用条件草案,并附下列必需的说明:

(a) 新颖或独特的设计特征,应表明除非采用建议的专用条件,否则设计特征会导致不安全状态。

(b) 现行适航标准不适用于该设计特征的理由。

(c) 说明建议的专用条件与现行适航标准的安全水平等效。

(2) 专用条件的颁发

(a) 初步评审时或评审过程中,适航当局或审查组与申请人讨论修改专用条件草案后,提交 TCB 审议。

(b) TCB 召集有关人员进行评审,向民航局适航司提出建议批准的报告。

(c) 征求公众意见修订后,民航局适航司批准颁发。

4) 豁免

根据 CCAR - 21 - R3 第六条的规定,在型号合格审定中,申请人可以因技术原因向适航当局申请暂时或永久豁免适航标准和环境保护要求中的某些条款。豁免审批程序如下：

（1）申请人应当向审查组提交包括下述内容的申请豁免报告，内容包括：

（a）请求豁免的适航规章和环境保护要求及其具体条款。

（b）豁免原因以及为保证具有等效安全水平所采取的措施和限制。

（c）豁免涉及的范围，包括航空器及适用期限。

（d）申请人的名称、地址，如适用，包括法定代表人的姓名、职务。

（2）审查组对申请人提交豁免申请进行审查并给出审查建议，经 TCB 审核后上报适航司。

（3）收到该豁免申请和审查组的建议后，适航司将进行评审，必要时广泛征求意见，并书面答复是否批准其豁免申请和采取相应措施。

（4）批准的豁免条款必须作为审定基础列入型号合格证数据单。

6.3.4 符合性方法（MOC）选择

符合性方法（或称符合性验证方法，简称 MOC）是申请人为表明对适航标准的符合性，所采用的各种验证方法。根据适航管理程序 AP‑21‑03 型号合格审定程序附录 I 有关符合性方法的定义，目前，符合验证方法共有十种，为便于编制符合性验证计划和文件，每种符合性方法赋予相应的代码。有关符合性方法的代码、名称和使用说明如表 6.1 所示。

表 6.1 符合性方法定义

代码	符合性方法	使用说明
MOC0	简述	用符合性记录单说明不适用条款；已批准的以往型号符合性报告的直接引用
MOC1	设计说明	说明系统技术方案对于相关适航条款的考虑，包括引述图纸、技术文件等
MOC2	计算和分析	通过气动、性能、载荷、强度和疲劳等软件计算，统计数据分析，系列型号的相似性分析等验证
MOC3	安全性评估	初步功能危害性分析、故障树分析、失效模式影响分析等
MOC4	试验室试验	系统模拟试验、全机静力试验、疲劳试验、结构试验、环境试验等，试验在零部件、组件上进行，但不包括模拟器试验
MOC5	飞机地面试验	试验在飞机上进行，但试验过程并不做任何飞行活动
MOC6	飞行试验	条款明确要求通过飞行过程进行验证，如起飞、着陆性能、失速特性、功能可靠性和外场噪声等试飞
MOC7	检查	审查代表对可达性、维修性、隔离防护措施等在飞机上检查
MOC8	模拟器试验	通过工程模拟器检查驾驶舱、模拟故障时操纵性、评估潜在失效时的危害性等
MOC9	设备鉴定	机载设备鉴定，尤其是条款中明确规定须批准的设备，必须采用 TSOA 设备，并提供分析、计算和试验报告，支持飞机型号审定

根据取证型号的总体定义和系统的设计要求,申请方与审查方应对型号合格审定基础的每一条款的符合性方法进行讨论,形成一致意见,形成符合性方法表。在确保安全性的前提下,在十类符合性方法中合理地选用一种或几种,来表明与审定基础中条款的符合性,汇总在符合性方法表中。符合性方法表的基本要素至少包含表6.2中内容:

表6.2　符合性方法表样例

ATA章节	适航条款	MOC符合性方法										备注
		0	1	2	3	4	5	6	7	8	9	
×××	×××	×		×		×			×			
××××	××××		×		×		×		×		×	

6.3.5　型号合格审定大纲

型号合格审定大纲是依据与适航部门共同确定的符合性方法表和项目研制计划将符合性验证工作细化落实,是申请方和适航部门共同安排审定工作的基础性文件。型号合格审定大纲按照专业和符合性方法明确验证任务,尤其是与审查方确认验证试验项目,以便在整个型号审定阶段按计划进行试验监控和资料审查。

型号合格审定大纲至少包括以下内容:

(1) 符合性验证计划中,所有适航条款的符合性方法对应的符合性验证文件清单。

(2) 符合性验证计划进程的主要里程碑,即符合性验证文件提交的时间表。

(3) 符合性验证的工作项目,给出每份合格审定文件:文件名称、文件类别、版次、ATA章节、符合性方法,以及关键时间节点等信息。

(4) 相关责任部门和联系人。

典型的型号合格审定大纲应至少包含表6.3中的内容。

表6.3　型号合格审定大纲样例

大纲任务号			验证任务	适航条款	符合性验证		完成时间	负责单位	申请方责任人	审查方责任人	备注
ATA章节	MOC代码	序号			文件编号	文件名称					

其中,验证试验项目主要包括试验室试验(MOC4)、模拟器试验(MOC8)、飞机地面试验(MOC5)和设备鉴定试验(MOC9)等。在与审查组各专业充分协调的基础

上，由符合性方法表确定的飞行试验项目（MOC6）可以形成飞机试飞要求及飞机型号合格审定验证试飞大纲。

为便于对验证试验进行监控和审查，在型号合格审定大纲中确定的试验完成计划基础上，可对具体的验证过程进行分解，根据项目研制计划进一步细化每一项验证试验的"专项验证计划"，明确试验负责人和试验地点，以便工程审查代表和制造检查代表按计划进行审查。

7 适航取证流程及工作内容

运输类飞机型号合格取证随概念设计、联合定义、详细设计和制造、试飞、交付到客户支持的研发全过程进行。按照型号合格审定过程的五个阶段和一般的民机研制计划,整个研制阶段可划分为 15 个重大节点。本节主要对各阶段中适航取证流程的重大节点和工作内容进行逐一说明。

7.1 概念设计阶段

1) 重大节点

本阶段飞机研发的主要工作包括四个重大节点,如图 7.1 所示。

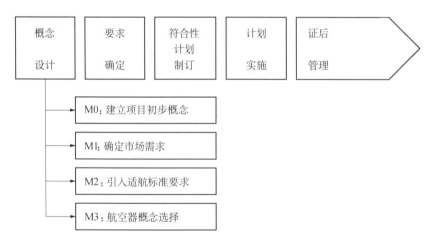

图 7.1 概念设计阶段

(1) M0:建立项目初步概念。

(2) M1:确定市场需求。

(3) M2:建立项目初步概念。

(4) M3:航空器概念选择。

2) 适航取证的任务

(1) 确保飞机概念设计在满足市场需求的同时,能够满足适航标准、运营规章的要求。

(2) 将适航取证的实施战略整合到整个飞机研发项目中。

（3）开始着手考虑适航取证项目管理团队、委任代表体系、审定专家和符合性验证工程师队伍建设。

（4）本阶段适航取证与适航当局沟通的主要任务是准备启动型号合格证申请。

（5）开始接触适航当局，召开审定概念的早期熟悉会议。

（6）确定审定目标和顶层计划。

（7）签署安全保障合作计划（PSP）。

（8）通过中国民航局建立与认可国适航当局的沟通渠道。

3）所需的输入信息

（1）飞机设计的新设计特点、采用的主要技术、选用的材料体系和工艺方法体系等。

（2）预期的审定基础和符合性方法。

（3）定义与设计合作伙伴和供应商的关系。

（4）初始的安全评估。

4）完成本阶段的输出

（1）初步的审定基础和符合性方法，初始的安全评估。

（2）编制安全保障计划（PSP）并签署。

7.2 要求确定阶段

1）重大节点

本阶段飞机研发的主要工作包括两个重大节点，如图 7.2 所示。

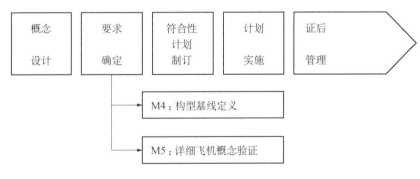

图 7.2 要求确定阶段

（1）M4:构型基线定义。

（2）M5:详细飞机概念验证。

2）适航取证的任务

本阶段适航取证工作的任务是:

（1）确定适航取证项目管理团队、委任代表、审定专家和符合性验证工程师人选。

（2）初步确定审定基础。

（3）参与飞机总体架构定义、供应商合同谈判和验证计划全过程,定义适航取证工程中提交适航当局文件的规范以及通过/失败准则。

（4）确定适航取证里程碑计划和飞机级审定计划。

本阶段适航取证与适航当局沟通的主要任务是递交型号合格证申请，获得受理后召开首次型号合格审定委员会（TCB）会议，正式启动适航当局的型号合格审定工作，内容包括：

（1）向中国民航局和具有潜在用户的认可国适航当局递交型号合格证申请。

（2）开始编制专项合格审定计划（PSCP）。

（3）召开首次型号合格审定委员会（TCB）会议。

3）所需的输入信息

（1）细化的安全性评估。

（2）研制进度方案。

4）完成本阶段的输出

（1）提交型号合格证申请并获得受理。

（2）专项合格审定计划（PSCP）的初稿。

（3）以问题纪要形式初步确定专用条件、等效安全、豁免。

7.3　符合性计划制订阶段

1）重大节点

本阶段飞机研发的主要工作包括五个重大节点，如图 7.3 所示。

（1）M5：详细飞机概念验证。

（2）M6：完成机构/系统设计规范定义。

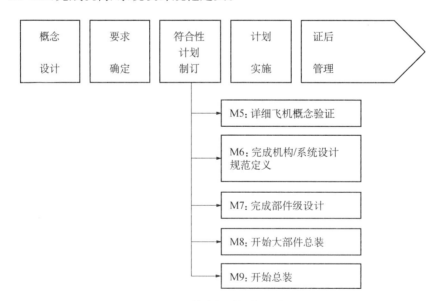

图 7.3　符合性计划制订阶段

（3）M7：完成部件级设计。

（4）M8：开始大部件总装。

（5）M9：开始总装。

2）适航取证的任务

本阶段适航取证工作的任务是：

（1）确定审定基础和符合性方法。

（2）编写和关闭问题纪要。

（3）编写系统级审定计划。

本阶段适航取证与适航当局沟通的主要任务是召开中间型号合格审定委员会（TCB）会议，确定审定基础和符合性方法，就飞机级和系统级审定计划与适航当局达成一致：

（1）制订专项合格审定计划（PSCP）和各系统/专业的合格审定计划（CP）。

（2）确定审定基础和符合性方法。

（3）召开中间 TCB 会议。

3）所需的输入信息

（1）开始进行安全性评估。

（2）签署关于专用条件、等效安全、豁免的问题纪要。

4）完成本阶段的输出

（1）经签署的专项合格审定计划（PSCP）和各系统/专业的合格审定计划（CP）。

（2）确定的审定基础和初步的符合性检查单。

（3）确定委任代表体系，规定其权限。

7.4　计划实施阶段

1）重大节点

本阶段飞机研发的主要工作包括三个重大节点，如图 7.4 所示。

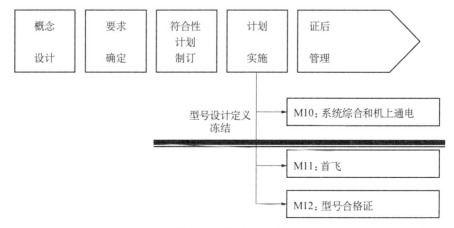

图 7.4　计划实施阶段

（1）M10：系统综合和机上通电。

（2）M11：首飞。

（3）M12：型号合格证。

2）适航取证的任务

本阶段适航取证工作的任务是：

（1）进行符合性验证。

（2）核查设计符合性和制造符合性要求。

本阶段适航取证与适航当局沟通的主要任务是就制订的审定计划向适航当局提交审定文档和协调适航当局目击试验和开展飞行试验：

（1）召开试飞前和最终合格审定委员会会议。

（2）汇编制造符合性声明。

（3）汇编规章符合性声明。

（4）编制符合性检查单。

（5）编制型号合格证数据单草案。

3）所需的输入信息

（1）设计和生产分析和计算报告。

（2）试验大纲、试验目击报告、试验报告。

（3）安全性分析报告。

4）完成本阶段的输出

（1）按 PSCP 和 CP 的时间节点的要求，完成分析和试验计划的提交文件、型号检查核准书（TIA）、制造符合性检查、飞行试验、航空器评定小组（AEG）评估、重大争议问题解决计划以及其他影响项目结束的工作项目。

（2）已完成的试验计划/报告、制造符合性检查的请求项目、制造符合性检查以及设计符合性验证文件。

（3）问题纪要、专用条件、豁免条件以及等效安全的确认文件。

（4）设计符合性和制造符合性的确认文件。

（5）符合性总结文件。

（6）型号检查报告。

（7）颁发型号合格证。

7.5　证后管理阶段

1）重大节点

本阶段飞机研发的主要工作包括三个重大节点，如图 7.5 所示。

（1）M13：持续适航文件的编制和发放。

（2）M14：SDR 评估。

（3）M15：用户需求和适航指令要求的设计更改。

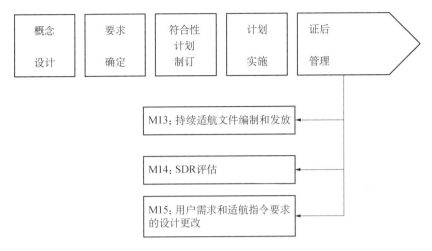

图 7.5　证后管理阶段

2) 适航取证的任务

本阶段适航取证工作的任务是：

(1) 制订持续适航管理计划,发放持续适航文件。

(2) SDR 的收集和报告。

(3) 适航指令的接收和评估。

本阶段适航取证与适航当局沟通的主要任务是证件管理和持续适航管理,就使用困难报告(SDR)和适航指令进行信息交流。

3) 所需的输入信息

(1) 适航限制。

(2) 维修和使用要求。

(3) 项目经验教训总结。

(4) 型号合格证数据单。

(5) 设计更改资料。

4) 完成本阶段的输出

(1) 持续适航文件。

(2) 持续适航管理计划。

8 适航工作的核心价值观

一个人,或一个企业,要有一个最富时代特色的精神支柱,这个精神支柱就是核心价值。价值观是人们在实践中形成的对于价值、价值关系的一般看法和根本观点,是处理各种价值问题时所持有的比较稳定的立场、观点和态度的总和。

核心价值观则是价值体系中居主导地位、起支配作用的核心理念,从根本上稳定而又持久地影响着人们的思想观念与价值取向。它是整个价值体系中最基础、最核心和最稳定的部分,是一个人、一个集体乃至一个国家和民族长期秉承的一整套根本原则。核心价值观虽然看不见,不具有强制力,但一经行为主体所接受,就会进入其潜意识之中,形成内在的支撑和左右行为主体的价值判断、行为指向和行为准则的强大影响力,在一定程度上影响甚至改变个体或群体的思维方式、价值判断与走向。

只有树立科学稳定的核心价值观,才能在这样多元文化冲击、竞争激烈的环境下具备核心竞争力。

8.1 核心价值观特性

核心价值观有以下几个方面的特征:

第一,它属于社会意识,具有社会意识的一般特征,即对客观事物的反映,是人的主观的内在心理。它的作用要物化或外化为表现价值的物质才能被人所感知。

第二,它不具有强制力,它不像法律那样用警察、监狱等暴力来保障其实施,接不接受它取决于每个人的自觉和自愿。

第三,它具有导向性,即所谓价值取向,它能引导一个人或一个群体朝着某个方向前进。

第四,它具有稳定性,核心价值观一旦形成或认定,它在人们心理就会形成思维定势,不会轻易被改变或放弃。

目前,加强适航能力建设已经成为我国发展民用航空工业的重要组成部分,所以更应树立起科学的适航工作核心价值观。如果说适航规章的完善为适航工作搭建了骨架,技术的发展和进步为适航工作提供了血脉和肌肉,那么适航核心价值观将为整个适航工作注入灵魂。这种价值观将成为一种精神力量,当面临矛盾、迷惑和抉择的时候,成为我们前进的动力。

适航工作的核心价值观就是:保证航空安全,促进航空工业的发展。这个核心价值观不仅包括树立安全第一的适航理念、形成勇于负责的工作思考模式、养成正直诚实的职业素养等确保航空安全的优秀思想,还要包括以人为本,提高质量的服务理念。

8.2 牢固树立安全第一的适航观念

8.2.1 安全是适航工作的根本出发点和最终诉求

"安全第一"的方针是我国民航工作的长期指导方针,也是民用航空工业的核心理念。民用航空地安全涉及公众生命和财产安全,受到全社会的关注,是民用航空发展的生命线。

而适航这个概念的提出就是为了满足民用航空安全的需求。适航工作是一切安全工作的源头,新飞机设计要符合适航安全要求,飞机的制造要符合适航的标准,航空公司运营要满足适航要求,可以说适航工作就是在为民用航空的安全把关。所以,作为一名适航工作的从业人员,一定要树立起正确的安全思想,这是适航工作的根本出发点和最终诉求。

8.2.2 安全是适航工作的动力源泉

安全是我们适航工作的动力源泉。我国已经建立了相对完整的适航标准,建立了持续适航的监管体系,使民航安全得到了保证。在"十五"期间,中国民航每百万飞行小时重大事故的次数为 0.29,远高于世界平均的每百万次 0.70 的安全水平。自包头空难至 2010 年 8 月 24 日,我国民航实现 2102 天的"零事故"飞行记录,累计安全飞行 2150 万飞行小时。

但是,我们依然面临着严峻的安全形势。一方面,由于民航运输的自身特点,一旦发生空难等危险事故,就会造成极大的社会影响和震撼,不允许我们犯一丝一毫的错误。另一方面,我国的民航运输量急剧增加,巨大的飞机运营基数会造成较大的安全压力。我国正在进展的 ARJ 21 和大型客机项目,这也给适航工作带了巨大的挑战。我国适航当局缺乏审定大飞机的技术经验;我们的航空设计和制造企业,没有经过适航理念的洗礼,没有设计过大型商用飞机。

为此,应积极面对这些问题,采取切实有效的措施,把压力转变成动力,不断提高安全水平,通过接受挑战提高自身的水平。

8.2.3 实现适航安全的途径

要实现适航安全,首先需要所有工作人员(局方、申请人、航空公司、公众等)共享与适航安全相关的资料。

如图 8.1 所示,民航安全信息以适航规章为基本,在民航局、飞机设计制造部门和航空公司三者之间进行闭环流动。通过设计、使用、审定安全数据的合理流动,可

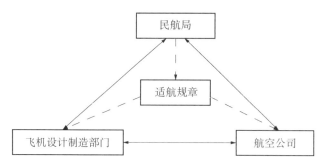

图 8.1　适航安全数据流通图

以发现适航工作中的漏洞和缺陷,并且把初始适航和持续适航结合起来,在整个飞机寿命周期内贯彻适航的理念,全面提高我国民机的安全水平。

其次,在适航工作中,要尽早发现不安全征兆,尽可能预防发生的安全问题。越早发现问题,所付出的代价就越小。要全面考虑问题,对可能出问题的地方不可掉以轻心,存在侥幸心理。要动员各方面、各环节的力量,把各种潜在问题消灭在适航审定的阶段。

最后,要用风险评估的原则优化适航工作。目前适航工作时间紧、任务重,适航人才的建设跟不上实际的需求。为此要优化适航工作,提高工作效率,利用风险评估的办法,优先考虑那些影响范围大,风险程度高的关键节点,重点攻克。

8.3　培养勇于承担责任的思考模式

民航的安全是由民航当局、制造厂家和航空公司相互合作来实现。减少事故的发生,最终需要每个适航工作人员肩负自身的责任,认真将事情做好、做到位。

8.3.1　强化责任意识

强化责任意识,增强安全责任感,在一定程度上比改进安全生产技术更为重要。在二战期间,美国空军和降落伞制造商之间因为降落伞的安全性能问题而发生了分歧。经过努力,降落伞的合格率已经提高到了 99.9%,但军方的要求是 100%。制造商坚持认为要达到 100% 的合格率是根本不可能的。于是军方改变了以往的质量检查方法,他们从刚交货的降落伞中随机抽出一个请制造商负责人穿上后亲自从飞机上往下跳。这时,制造商才意识到 100% 合格率的重要性,降落伞的合格率经过努力也最终达到了 100%。可以看出,如果不强化责任意识和增强安全责任感,就很难说把事情做好。

8.3.2　勇于负责的思考模式

适航工作肩负着旅客生命财产安全的重任,责任重于泰山。当我们进行适航工作的时候,我们应当经常思考这样的问题:如果发生安全事故,我如何在法庭上为我的适航安全工作辩护? 当发生空难的时候,我怎样回答记者和遇难家属的提问? 当我签署了一个文件后,晚上我睡觉踏实吗? 我愿意让我的家人乘坐我研发的飞机吗？唯有当每一个人都尽到责任，把安全放在第一位，才能从根本上减少事故的发生。

8.4 正直诚实是适航工作者的职业素养

适航安全工作异常重要，来不得半点虚假。这样的工作要求我们具备正直诚实的工作作风。

8.4.1 正直诚实是适航工作的道德底线

只有正直诚实，认真做好本职工作，才能保证适航工作的安全运行。因为没有正直诚实，往往会带来无可挽回的巨大损失。

做到按照标准程序开展工作，认真对待自己的每一份文件，似乎并不难，但是在压力面前我们是否仍然能保持这种职业素养呢？我们的适航工作人员在犯了过错之后，会不会因为害怕受到处分，而隐瞒事实，最后造成灾难性后果呢？设计制造企业在时间节点和成本的双重压力下，能否不忽略适航的要求，把工作做细做精呢？所有这些问题，都需要认真思考，并坚持正直诚实，把好适航安全关。

8.4.2 正直诚实素养的培养

适航工作中要做到不唯上，只唯实，需要从以下几个方面努力：

首先，要健全管理机制，明确职责。在实际工作中，要更进一步进行职责划分和职责定位，使所有部门、单位的员工都能明了自己的职权和责任。建立严格的问责制度，出现了问题，立刻就能找到责任人，分析原因，防止问题再次发生。

其次，培养良好的环境。培养正直诚实的职业素养，需要一个较为宽松的环境。可以考虑借鉴机务系统的错误报告体系。当出现失误的时候，当事人通过错误报告系统进行事故报告，可以防止出现灾难性的后果。通过这样的报告系统，可以逐渐养成正直诚实的职业素养。

最后，积极开展职业素养教育。开展适航人员职业素养教育，是指为了促使适航人员在从业活动中履行正直诚实的职业道德，而开展的有目的、有计划、系统持续的职业素养教育活动。适航的职业素养教育是完善适航核心价值观的重要组成部分，是做好适航工作的前提，是提高适航工作质量的重要途径。

DC-10温莎事故给民用航空留下了惨痛的教训，也说明了正直诚实对安全的重要意义。20世纪60年代，美国麦道公司和洛克希德公司在三引擎客机领域展开了激烈的竞争。麦道公司为了比对手更早一步投入市场，在DC-10飞机的研制过程中简化了一些非必要的步骤，其中就包括货舱门的设计。1972年6月12日，一架DC-10客机在加拿大安大略省温莎上空发生爆炸，造成高空失压，机身左后方舱门脱落致使飞机不完全受控。经过机长的努力，最终安全着陆。事后调查发现，这是由于DC-10货舱门设计缺陷导致的。美国国家运输安全委员会要求麦道公司及其货舱门制造商改进舱门的设计和地台设计，避免此类事故的再次发生。但是由于当时面临的竞争压力巨大，对有缺陷的舱门进行大幅度改装成本较高，所以麦道公司并没有完满地解决这个问题。两年后,同样的事故在土耳其航空公司 981 号航班上再次上演,造成 346 名乘客及机员全数罹难。美国航空监管部门面临巨大的压力,一度勒令所有的 DC - 10 停飞,使得麦道公司陷入濒临破产的困境。

9 持续适航管理

9.1 持续适航管理概述

保证飞行安全是民用航空永恒的主题。民用航空器在获得适航证并投入运行后，如何保持它在设计制造时获得的固有安全性（或适航性），使其能始终处于安全运行状态，是保障飞行安全的重要基础。一架航空器的质量首先取决于它的初始设计和制造，在整个营运过程中，这种质量必须能够依照各种维修规则、标准使之能得到保证。

9.1.1 持续适航的定义及范畴

9.1.1.1 持续适航的定义

"持续适航（Continuing Airworthiness）"这个术语是指那些"为保证航空器在服役期间的适航性所采取的所有行为"。国际民航组织在其《持续适航手册》（Continuing Airworthiness Manual DOC 9760）中给出了关于持续适航的明确定义：持续适航涵盖了为确保所有航空器在其整个使用寿命内的任何时候能遵守现行有效的适航要求，并处于安全运行状态的所有工作过程。

航空器的持续适航性是由航空器营运人、型号合格证持有人及双方的管理当局共同来保证的。

9.1.1.2 持续适航的工作范畴

在航空器设计国和航空器注册国民用航空当局的控制下，持续适航包含如下工作范畴：

（1）设计准则：该设计准则为检查工作提供必要的可达性，并使为实施维修工作而制订的工艺和措施能得以使用。

（2）由负责型号设计的机构将维修航空器所需的规范、方法、程序和任务以及包含这些信息的出版物转化为便于被营运人采用的特定格式而做的准备工作。

（3）营运人使用由负责型号设计的机构提供的信息，对规范、方法、程序和任务加以采用，并将这些资料制订成适合其营运的维修方案。

（4）根据登记国的要求，营运人就航空器的缺陷和其他有关航空器维修和使用的重要信息向负责型号设计的机构报告。

（5）由负责型号设计的机构、航空器设计国和航空器登记国对缺陷、事故和维修及使用信息进行分析,并根据分析结果制订推荐性的或强制性的修正措施。

（6）根据负责型号设计的机构或设计国提供的信息,考虑制订营运人或登记国能够接受的有效修正措施,尤其是那些被指定为"强制性"的修正措施。

（7）营运人完成的、特别是对具有疲劳寿命限制的航空器的强制要求,以及合格审定程序所要求的、或随后发现对于保证结构完整性是必要的所有特殊测试或检查。

（8）制订并符合补充结构检查大纲和其后有关老龄航空器的要求。

9.1.2　持续适航的由来和背景

我国是"国际民航组织"（ICAO）缔约国、理事国,履行《国际民用航空公约》是我国应尽的义务。依照《国际民用航空公约》,各缔约国之间承诺在关于民用航空器、维修机构、维修人员等方面的规章、标准、程序及工作组织诸方面的合作,力求取得最大程度上的一致。

9.1.2.1　航空器设计国的持续适航职责

首先,航空器设计国必须将其认为对航空器（适用时包括发动机和螺旋桨）的持续适航和安全运行所必需的所有普遍适用的资料（以下称为"强制持续适航资料"）,以及型号合格证的暂停或吊销通知给每一个已向设计国通知该航空器已在本国登记注册的缔约国,同时按要求通知任何其他缔约国。"强制持续适航资料"包括对改装、换件或检查航空器的强制要求以及对使用限制和程序的修改,还包括缔约国以"适航指令（AD）"形式发布的资料。

其次,航空器设计国应确保:对于最大核准起飞质量超过 5 700 kg 的飞机以及最大核准起飞质量超过 3 175 kg 的直升机,①建立用于接收来自航空器登记国的对航空器持续适航造成或可能造成不利影响的故障、失效、缺陷和其他事件的资料;②决定是否以及何时采取适航行动;③制订必要的适航行动和发布行动资料的制度。

另外,航空器设计国应确保对于最大核准起飞质量超过 5 700 kg 的飞机有一个连贯的结构完好性方案以确保飞机适航,该方案必须包括防腐蚀和抗腐蚀的具体资料。

如果航空器设计国和航空器制造国不是同一个国家,则航空器设计国必须确保两国之间有一个双方都能接受的协议,确保制造机构和型号设计机构在对收到的该航空器使用经历的资料进行评估时相互合作。

最后,如果发动机或螺旋桨的设计国不是该航空器的设计国,则该国必须将持续适航的所有资料发给航空器设计国,同时按要求发给任何其他缔约国。

9.1.2.2　航空器制造国的持续适航责任

航空器制造国和航空器设计国如果不是同一个国家,则航空器制造国必须确保两国之间有一个双方都能接受的协议,确保制造机构和型号设计机构在对收到的该航空器使用经历的资料进行评估时相互合作。

9.1.2.3 航空器登记国的持续适航责任

航空器登记国必须确保当首次将非本国设计的某型航空器在本国登记并颁发或认可适航证时，必须通知设计国其已经将该航空器在本国登记；并对照现行有效的、依然适用于该航空器的相应适航要求，确定航空器持续适航。航空器登记国必须制定或采用适航标准（包括各项标准与要求）以确保航空器在服役期间持续适航，并确保航空器在改装、修理或安装更换部件后继续符合相应适航要求并保持适航状态。

航空器登记国应在收到设计国的强制持续适航资料时，直接采用强制资料或对收到的资料进行评估并采取适当的行动；并确保将本国作为登记国对该航空器产生的所有强制持续适航资料通知设计国。

最后，航空器登记国应确保对于最大核准起飞质量超过 5 700 kg 的飞机以及最大核准起飞质量超过 3 175 kg 的直升机有一个制度，借以将对航空器持续适航造成或可能造成不利影响的故障、失效、缺陷和其他事件的资料通知给负责该航空器型号设计的机构。

9.1.2.4 所有缔约国的持续适航责任

每个缔约国必须对最大核准起飞质量超过 5 700 kg 的飞机以及最大核准起飞质量超过 3 175 kg 的直升机确定服役类型的资料，营运人、型号设计机构和维修机构应向适航管理当局报告这些资料，同时，还必须制订报告资料的程序。

目前美国和欧洲作为最大的两个航空器制造国（地区），FAA，EASA（以及欧洲各国的 NAA）、美国 Boeing 公司和欧洲 Airbus 公司建立完备的持续适航体系，全面履行了国际民航组织规定的持续适航责任。

9.1.3 持续适航责任部门

1）航空器适航管理当局

航空器适航管理当局在持续适航工作中的主要责任是对航空器使用过程中所涉及的适航性进行评估，包括：签发适航证；对维修大纲、可靠性大纲、维修方案和可靠性方案的评估；颁发适航指令；对重要修理/改装工作的批准；对航空器进行年检和不定期的抽检；对维修单位进行许可审定；颁发维修人员执照、检验人员执照；实施信息收集、整理和评估；参与对重大故障和飞行事故的调查；批准、颁发委任代表证；规定实施对持证人的监督和处罚措施等。

2）航空器设计和制造部门

航空器设计和制造部门的职责是主动、及时收集航空器使用过程中发生的重大故障，提出纠正措施，编发技术服务通告，以保证航空器的持续适航性。

3）航空器使用和维修部门

航空器的使用部门、维修部门是指航空器的营运人和维修单位，他们承担着保持航空器持续适航性的根本责任，是保障航空安全的主要因素。

航空器营运人应当负责航空器的适航性，具体职责如下：实施飞行前检查，确信航空器能够完成预定的飞行;正确理解和使用最低设备清单,按民航局批准或认可的标准排除任何影响适航性和运行安全的故障或缺陷;按批准的维修方案完成所有规定的维修作业内容;完成所有适用的适航指令和民航局认为必须执行的其他持续适航要求;按法定技术文件要求完成选择性改装工作。"法定技术文件"是指民航局批准或认可的航空器工程和维修方面的技术规范。

9.1.4 持续适航管理三要素

持续适航管理的要素有三个:维修机构、维修人员和航空器。这三个要素都应达到规定的要求或标准,才能保证航空器的持续适航。

1) 维修单位的审定

维修单位,不论是国内的、还是国外的,只要承修我国注册的民用航空产品,均须符合中国民航规章《民用航空器维修许可审定的规定》(CCAR-145,目前为 R3 版)的要求,并获得维修许可证。航空器的维修部门必须拥有:完备的维修设施、设备和器材;合格的维修人员和维修管理人员;完整的并良好运转的维修工作程序。合格的维修单位应建立质量控制、工程技术、生产管理和培训四大系统,其中质量控制系统必须具有质量否决权。

2) 维修人员的资格评审

维修人员的业务素质是保证维修工作质量的关键因素。为提高维修人员的素质,《民用航空器维修人员执照管理规则》(CCAR-66)明确了航空维修人员的执照考试、颁发和管理要求,《民用航空器维修许可审定的规定》(CCAR-145)明确规定了须持有维修执照的人员范围和工作职责,《民用航空器适航委任代表和委任单位代表的规定》(CCAR-183)规定了考试委任代表的资格和职权范围。以上规章的内容及要求构成了对维修人员资格评审的法律依据。

3) 航空器的适航性监督

对航空器的适航性的监督,重点在以下方面:

(1) 维修大纲(维修大纲必须经过局方批准或认可,维修方案和工作单卡必须符合维修大纲的要求)。

(2) 适航指令和重要的服务通告。

(3) 时控件(应有相应的程序控制,防止超期使用)。

(4) 保留故障或保留工作项目(必须严格按照 MEL 放行飞机,应设置相应的控制程序,对保留故障和保留工作项目予以控制)。

(5) 替换件。

(6) 重大故障和重复故障。

(7) 维修记录(必须按规定予以记录和保存)。

(8) 重要修理和改装(必须经过适航管理当局的批准)。

(9) 航空器的年检。

(10) 建立单机档案、建立信息网络,进行实时控制。

美国联邦航空局审定司(FAA Certification Service)指出,飞机的固有安全性是其设计完整性、制造质量和维护程序的函数,制造和维修程序是飞机设计过程的两个输出。因此,完善的设计、良好的制造是飞机持续适航的物质基础,持续适航工作的必要输入来自设计输出。持续适航是在航空器设计中就要考虑的一个重要方面,与航空器最初的设计紧密相关。在型号的初始设计阶段,型号合格证申请人必须建立相应的持续适航设计准则,并在详细设计阶段予以严格执行。

9.2 型号合格证申请人与持续适航

9.2.1 持续适航设计准则

根据国际民航组织对持续适航工作的要求,型号合格证申请人在设计阶段应制订相应的设计准则,从而为检查工作提供必要的可达性,并使得为实施维修工作而制订的工艺和措施能得以使用。

9.2.1.1 可达性设计要求

可达性设计是保证航空器持续适航的重要设计准则之一,也是航空适航规章的"强制性要求"。CCAR-25 部第 25.611 条"可达性措施"a)款项明确指出"必须具有措施,使能进行为持续适航所必需的检查(包括检查主要结构元件和操纵系统)、更换正常需要更换的零件、调整和润滑。每一项目的检查方法对于该项目的检查间隔时间必须是切实可行的。如果表明无损检查是有效的并在第 25.1529 条要求的维护手册中规定有检查程序,则在无法进行只按目视检查的部位可以借助无损检查手段来检查结构元件。"在 CCAR-25 部最新修订版(CCAR-25R4)新增了 H 分部"电气线路互联系统(EWIS)"的第 25.1719 条"可达性规定"中,明确提出"任何 EWIS 部件必须可以接近,以对其进行持续适航所需的检查和更换。"

航空器的可达性设计直接影响维修任务的难易程度和维修工作量,具体要求是:①进行维修时,维修人员可接近的部区尽可能多;②航空器上任何要求维修或维护的元件或部件装配,都应该是轻易可达的,而不需拆除其他元件。可达性设计其实只是航空器可维修性设计的一个分支,为了实现在航空器初始设计阶段充分而全面落实持续适航准则的目的,应在航空器初始设计阶段制定全面完善的可维修性设计准则。

9.2.1.2 维修性设计准则

1) 维修性设计的定义

航空器维修性设计是航空器或系统设计工作中的一个重要组成部分,它要求在航空器或系统的初始阶段将可维修性作为设计的一个目标,使航空器或系统具有下列设计特征:①用最少的人员,在最少的时间内完成各项维修工作;②对测试设备和工具的种类及数量要求最少,对维修设施要求最低;③航材部件的消耗最少;④对维修人员培训的工作量最少。

2) 现代民用航空器的维修性设计准则

航空器的维修性设计准则是指导设计人员进行飞机和系统设计、设计评审和维修性分析和验证、改进的准则，包括飞机维修性设计目标、要求、程序等。

现代民用航空器的维修性设计目标应包括两层：①航空器本身应具有良好的可维修性，并且航空器设计部门应提供维修性持续改进的手段；②为航空公司提供全面、优化的持续适航文件，并提供持续的修订服务。航空器的维修设计的准则应为：利用优化的设计以简化维修过程；利用最新的技术优化航空器的维修性（如采用先进的中央维修系统）；使用先进的材料提高维修性等。

3）航空器维修性设计的工作准则

现代民用航空器的维修性设计的工作准则包括两个方面：①与客户共同设计飞机，明确客户对航空器的维修性要求；②积极采用先进的技术、设备，实现客户的维修性要求。

首先，为明确客户的维修性要求，航空器型号合格证申请人应与客户共同设计飞机。维修性要求主要来自用户的需求和目标，为了明确客户对大型客机的维修性需求（定性要求和定量指标），航空器型号合格证申请人应在航空器概念设计阶段和客户航空公司建立充分的合作机制，充分讨论、挖掘客户对该型航空器的维修性要求，并共同确定维修性指标，与客户共同设计航空器。

其次，应认识到客户对航空器的维修性的需求是没有止境的，在设计阶段，必须充分考虑国际上民用航空器设计、制造中的新技术、新手段和新设备在竞争机型上的应用情况，将航空器的维修性设计工作的目标瞄准以上最新技术、手段和设备，并密切关注以上技术的发展趋势，为航空器的维修性设计留足发展、改进的空间，全面满足客户的维修性需求。

9.2.2　运行规章的符合性设计

9.2.2.1　航空器运行合格的审定背景

民用航空器制造厂家取得民航当局颁发的航空器型号合格证表明该型航空器已具备基础的安全飞行适航性。但根据用途的不同，如航空器营运人使用该航空器按照 CCAR - 121 部运行，局方按规章规定，还要对航空器的设备、维修、训练和手册提出更加严格的要求，以确保该航空器在上述几个方面能够满足不同运行条件、环境、标准和程序的要求，最终保障旅客生命财产的安全。因此，航空器在取得型号合格证到投入不同运行前，存在一个根据航空器未来用途选择增加什么机载设备以及更改布局、制定程序、编制手册、确定驾驶员和其他营运人员训练标准的一系列工作问题。这些工作如果未能在航空器取得型号合格证之前完成，即使航空器营运人接收了航空器，由于受到运行规章的限制，还是难以将该机型投入到运行中去。

解决这一问题的有效办法就是由局方航空器评审组（AEG）在厂家获取型号合格证审定过程中对航空器评审。只有通过 AEG 的维修审查委员会（Maintenance Review Board，MRB）对航空器的初始维修要求的评审和批准，通过飞行运行评审委员会（Flight Operation Evaluation Board，FOEB）对主最低设备清单的审查和批准，获取飞行标准化委员会（Flight Standardization Board，FSB）颁发的飞行标准化委员会报告，才能搭建起航空器型号合格证持有人与航空器营运人之间的桥梁，使航空器得以平稳交付并顺利投入运行。

1) 航空器运行合格评审的范畴

对全新型号航空器投入运行的审定和补充审定，建立于 AEG 对航空器型号的下述评审结论：

(1) 对应于运行规章要求的符合性。

(2) 航空器驾驶员的型别等级和训练要求。

(3) 在设备故障或者功能失效的情况下的放行要求(即主最低设备清单)。

(4) 初始维修要求。

(5) 持续适航文件。

(6) 局方认为必要的其他评审。

2) AEG 评审的启动

AEG 的评审作为航空器型号合格审定的一部分，应当由型号审定项目启动，具体的评审由航空器型号合格证申请人向民航局飞行标准司的航空器评审部门提出申请。AEG 在向型号合格证申请人问询或者讨论的基础上，确定 AEG 评审的具体项目，并将其适用的标准列为型号审定基础的补充文件。

3) AEG 评审结论

AEG 在完成航空器型号的评审后，将以下述方式形成评审结论：

(1) 以发布飞行标准委员会报告(FSB 报告)的方式明确飞行机组的型别等级、训练要求和运行设备安装的符合性。

(2) 以批准和发布主最低设备清单(Main Minimum Equipment List，MMEL)的方式明确最低放行设备要求。

(3) 以批准和发布维修审查委员会报告(Maintenance Review Board Report，MRBR)的方式明确初始维修要求。

(4) 以函件的方式明确认可的持续适航文件清单(Instructions for Continuing Airworthiness，ICA)及其他评审结论。

4) AEG 的持续监控

航空器获得型号批准并投入运行后，AEG 将根据下述情况进行航空器评审的持续监控，并贯穿于航空器型号运行的全寿命过程：

(1) 航空器实际运行反馈的信息。

(2) 对航空器型号进行的设计更改。

(3) 规章要求的修订。

9.2.2.2　航空器运行规章符合性设计

任何航空器的营运人在投入运行前必须表明符合 CCAR - 91 部、CCAR - 121 部(或 135 部)的相关条款。如果在首架航空器交付前仍不能确认对规章的完全符合性，将影响航空器的投入运行。为加快和简化运行批准的过程，航空器型号合格证申请人可以选择在型号审定阶段向飞行标准部门的航空器评审组（AEG）申请确认航空器型号对 CCAR-91 部、CCAR-121 部（或 135 部）相关条款的符合性。

确保航空器顺利通过运行规章符合性评审的前提是在航空器设计、设备选型阶段，航空器型号合格证申请人应根据航空器将来运行特点和客户航空公司的特殊运行要求，组织设计人员研究 CCAR-91、CCAR-121、CCAR-135 部等相关规章条款，整理运行规章对航空器设计和设备选型等工作的具体技术要求，并将其贯彻到航空器的设计工作中。

9.2.3　持续适航文件编制和评审

9.2.3.1　持续适航文件（ICA）概述

1）航空规章对持续适航文件的要求

无论航空器的初始设计水平和可靠性多高，一旦投入使用后，正确地使用和维修是保持其固有设计水平和可靠性的基础，而正确地使用和维修则需要通过型号合格证（Type Certificate，TC）持有人制定准确详尽、便于使用的持续适航文件来保证。

就持续适航文件的重要性方面，民航当局、航空器的制造人和使用人都有足够的认识。因此 CCAR-23 部第 23.1529 条、CCAR-25 部第 25.1529、CCAR-27 部第 27.1529 条、CCAR-29 部第 29.1529 条都明确规定：尽管持续适航文件完成之前可以对航空器颁发型号合格证，但首架航空器交付或者颁发标准适航证前，须经民航当局完成对其持续适航文件的评估和认可。对航空器持续适航文件的评估和认可，是适航审定部门和飞行标准司航空器评审部门的共同职责。

按照 CCAR-91 部第 91.305 条、CCAR-135 部第 135.413 条、CCAR-121 部第 121.363 条的规定，获得认可的持续适航文件是使用人运行航空器和落实适航性责任的基础。不具备经适航管理当局批准或认可的持续适航文件，将影响航空器的交付或影响其投入运行。

2）航空器型号合格证申请人承担的持续适航文件义务

CCAR-21R3 第 21.50 条规定：型号合格证、型号设计批准书、型号认可证、补充型号认可证持有人向用户提交取得适航证的第一架航空器时，应同时提供至少一套适航规章要求制订的完整的持续适航文件，并向用户提供该类持续适航文件的修订服务。

CCAR-23，25，27，29 部第 1529 条都规定：申请人必须根据本部附录 G 编制适航管理当局可接受的持续适航文件。如果有计划保证在交付第一架航空器之前或者在颁发标准适航证之前完成这些文件，则这些文件在型号合格审定时可以是不完备的。

9.2.3.2　持续适航文件范围和分类

航空器的持续适航文件包括：

（1）航空器使用、维修及其他保持航空器持续适航的限制、要求、方法、程序和信息。

（2）航空器所安装的发动机、螺旋桨、机载设备与航空器接口的信息。

（3）航空器机载设备和零部件的维修方法、程序和标准（可以直接使用机载设备和零部件制造厂家编制的单独手册）。

对于某些运输类飞机，还可能因设计特性、运行种类等特别要求持续适航文件编制某些特殊内容。

根据中国民航局飞标司 2008 年 11 月 10 日发布的咨询通告《航空器的持续适航文件要求》（AC‐90‐11），航空器的持续适航文件可按照实际用途分为以下五类，扩大了传统意义上持续适航文件的范围：

（1）维修要求。

（2）维修程序（包括航空器维修程序和机载设备及零部件维修程序）。

（3）运行程序。

（4）构型控制。

（5）培训规范。

9.2.3.3　持续适航文件的编写和审定要求

1）维修要求

维修要求的主要目的是向航空器使用人或者营运人提供保持航空器的持续适航性和飞行安全的维修任务要求，航空器的维修要求一般包括：

（1）航空器系统和动力装置（包括部件和辅助动力装置）重要维修项目的计划维修任务和维修间隔。

（2）航空器结构重要项目的计划维修任务和维修间隔。

（3）航空器各区域的计划检查任务和检查间隔。

（4）特殊检查任务（如闪电和高辐射防护）及其检查间隔。

（5）审定维修要求（Certification Maintenance Requirement，CMR）。

（6）适航性限制项目（Airworthiness Limit Section，ALS）。

对于运输类航空器，维修要求通过局方批准并以发布 MRBR 的方式提出，作为航空器所有人或者营运人制定初始维修方案的依据。为了指导航空器所有人或者营运人编制客户化的维修方案，航空器型号合格证申请人可以制定维修计划文件（Maintenance Plan Document，MPD）来提供指导和帮助。制定 MPD 时应当符合下述原则：

（1）在术语的使用、定义和原则等方面与维修要求文件（或者 MRBR）一致。

（2）内容不少于或低于维修要求文件（或者 MRBR）的要求。

（3）内容的编排不引起使用的混淆。

航空器型号合格证申请人应组建该型航空器的工业指导委员会（Industry Steering Committee，ISC），负责制订该型航空器的初始维修要求，并以"建议维修审查委员会报告（Proposed Maintenance Review Board Report，PMRBR）"的方式列出维修任务和维修间隔,经 AEG 的维修审查委员会(MRB)的批准后向航空器营运人提供 MRB 报告。

2) 航空器维修程序

维修程序的主要目的是向航空器所有人或者营运人提供一套维护说明书,以保证航空器的正常维护和维修要求能得以落实具体,航空器维修程序的主要内容应至少包括:

(1) 概述性资料。

(2) 系统和安装说明。

(3) 使用和操作说明。

(4) 故障处理说明。

(5) 维修实施程序。

(6) 维修支持信息。

注:上述内容可以是多本手册的形式,如飞机维护手册(Aircraft Maintenance Manual,AMM)、发动机构造手册(Engine Built-up Manual,EBM)、故障隔离手册(Fault Isolation Manual,FIM)等。但不同合格证(TC)持有人的手册划分可不必完全相同。

3) 机载设备和零部件维修程序

机载设备和零部件维修程序的主要目的是向航空器所有人或者营运人提供一套机载设备和零部件的维护说明书,以确保落实具体的维修要求。机载设备和零部件维修程序的编制责任属于合格证(TC)持有人。

注:航空器机载设备和零部件维修程序一般以部件维修手册(Component Maintenance Manual,CMM)的形式编制。

4) 运行程序

运行程序的主要目的是向航空器使用人或者营运人提供一套运行说明书,以保证航空器的正常使用和落实具体的运行要求,航空器运行程序主要包括:

(1) 航空器飞行手册(机组操作程序部分)。

(2) 飞行机组操作规范。

(3) 偏离放行指南。

(4) 载重平衡手册。

(5) 客舱机组操作手册。

航空器飞行手册(Aircraft Flight Manual,AFM)为飞行机组提供了在所有预计飞行过程中安全有效地操纵航空器所必需的使用极限、程序、性能和系统资料,是飞行机组操作手册、快速检查单和载重平衡手册的基础。航空器飞行手册是须经型号审定部门批准的文件,具体要求参见有关的适航标准法规文件。

飞行机组操作手册(Flight Crew Operation Manual,FCOM)为飞行机组提供了在所有预计航线飞行过程中安全有效地操纵航空器所必需的使用极限、程序、性能和系统资料。航空器制造厂家可根据航空器飞行手册编制飞行机组操作手册,以建立具体的标准化程序和动作,同时也可作为航空器操作人员改装训练、复训和熟练检查的一个全面参考和复习指南。

如果航空器型号合格证申请人希望其制造的航空器能在特定设备项目不工作的情况下仍能实施运行,则应当制定主最低设备清单(MMEL)。MMEL 应通过AEG 的飞行运行评审委员(FOEB)的审查和批准。

有些航空器型号合格证申请人还采取编制偏差放行指南的方式为航空器使用人或者营运人提供在航空器设备、功能和外形偏离设计状态下放行航空器的指导和具体操作、维修程序。偏差放行指南的设备、功能偏差部分应当与 MMEL 一致,外形偏离的部分应当与 AFM 的外形缺损清单(Configuration Deviation List,CDL)一致,具体操作和维修程序应当清晰、明确并具备可操作性。

5) 构型控制文件

产品构型控制文件用于规定航空器的构型设计标准,以保证在航空器维修过程中,符合经批准的设计规范。产品构型控制的主要内容包括:

(1) 图解零件目录。

(2) 线路图册。

6) 培训规范

培训规范是对保障航空器正常运行和持续适航涉及的关键人员(如飞行机组、客舱机组及维修人员等)进行培训的教材范本,但由于飞行机组对飞行安全的重要性,相应训练要求较高,航空器型号合格证申请人应尤其重视飞行机组训练手册(Flight Crew Training Manual,FCTM)的编写。

9.2.3.4　特殊要求的持续适航文件

1) 运输类飞机的结构持续完整性大纲

运输类飞机的结构完整性大纲适用于未按损伤容限原理设计的飞机。为了保证在较高的飞行次数时(即老龄飞机)的安全运行,型号合格证持有人必须为飞机使用人或者营运人提供一份基于损伤容限原理、保证飞机结构持续完整性的大纲,作为对现有的维修要求的补充,以满足飞机的持续适航要求。运输类飞机的结构持续完整性大纲分为以下三个方面的工作:

(1) 补充结构检查大纲。

(2) 修理评估指南。

(3) 消除广布疲劳损伤大纲。

运输类飞机的结构持续完整性大纲需经适航审定部门批准。

2) 燃油系统的安全防护提示

为保证运输类飞机的燃油系统安全,经评估确定的重要设计构型控制限制(Critical Design Configuration Control Limitation,CDCCL)信息应通过适当的形式在维修程序中进行提示或说明(以警告或注意等方式),以防止这些关键设计特征被改动。用于该类安全防护的提示或说明范例如下：

（1）更换燃油箱系统某一具有关键设计特征的部件，涉及搭铁线在维修后必须被重新装好，因此应当提供确保搭铁线重新正确安装好的相关信息。

（2）燃油量指示系统外部导线必须进行分离安装，以防止不安全的点火能量进入燃油箱，因此应当提供确保燃油量指示系统导线与其他系统的导线分开安装的相关信息。

（3）燃油泵修理过程中应当确保油泵内部某些与点火源防护有关的零件按照正确的程序进行维修，因此应当提供确保燃油泵内相关的零件能按照程序正确维修的相关信息。

3）延程运行的构型维修程序

为了满足延程运行的适航标准，飞机型号合格证持有人必须对拟申请延程运行的飞机机体与发动机的组合进行失效影响和可靠性的分析，确定满足适航标准（可靠性要求）的飞机构型，并且在持续运行中得以维持。因此，为了保持飞机持续符合延程运行的型号设计，型号合格证持有人必须制订构型维修程序，以供营运人参照实施。

注：延程运行的构型维修程序是延程运行的最低标准，是飞机营运人获得延程运行批准的先决条件。在延程运行中，如果构型维修程序的要求与其他维修和运行文件（如 MPD，MEL，FCOM）不一致，应当以构型维修程序的标准为准。

9.2.4　飞行训练和维修培训工作

9.2.4.1　飞行训练

1）FSB 评估和型号合格证申请人的责任

为确定航空器的型别等级和机组训练要求，民航局飞行标准司以建立飞行标准委员会（FSB）的方式开展对航空器的评估，FSB 将以 AC‐120‐1 作为建立型别等级和机组资格要求的准则。

为开展 FSB 的评估，航空器型号合格证申请人有责任为 FSB 成员提供适用的地面和飞行训练，并提交至少包括下述内容的驾驶员资格计划（PQP）文件：航空器型别的构型说明，及与同一型号合格证下以前审定的航空器型别的差异（如适用）；建议的训练、检查和近期经历要求；验证上述建议的具体试验计划。另外，航空器型号合格证持有人应保证 FSB 成员充分接近训练设施、模拟器、航空器，并为试验后的分析工作提供充分的资源。

经过 FSB 评审后，民航局飞行标准司将以发布 FSB 报告的方式对型别等级和机组资格要求予以公布。

FSB 报告是运行监察员签署驾驶员型别等级、批准航空营运人训练大纲的基础。不具备 FSB 报告，将影响航空器的交付或投入运行。

2）AEG 评审结论之前的飞行训练

对于某一全新型号航空器，在 AEG 评审结论已基本形成但未正式发布之前，航空器型号合格证申请人可以在符合下述条件时开始对先锋用户骨干驾驶员的训练：①用于训练飞行的航空器已获得第一类特许飞行证并且限制类别为市场调查和销售飞行；②用于训练飞行的航空器至少已经过 50 小时的飞行时间；③飞行训练期间遵守第一类特许飞行证规定的限制条件。

如果开展上述飞行训练，航空器型号合格证申请人应当完整保存与训练有关的记录，随时供局方查询。

尽管按照以上要求完成了飞行训练，但在 AEG 评审结论发布后，航空器制造厂家还应当完成对训练有效性的评估和确认，并进行必要的补充训练。

CCAR-61 部第 61.27 条规定：对于最大起飞总重在 5 700 kg 以上的航空器（轻于空气航空器除外）、涡轮喷气动力的航空器、直升机以及局方通过型号合格审定程序确定需要型别等级的其他航空器，需要驾驶员具备该航空器的型别等级方可担任机长。

CCAR-121 附录 D 和 E，CCAR-135 第 G 和 H 章规定了飞行机组训练、检查和近期经历要求，因此，机组资格要求必须在航空器型号投入运行前建立。

3）AEG 评审后的飞行训练

航空器交付航空公司前，应完成对航空公司飞行人员的飞行训练。为保证飞行训练质量，航空器型号合格证申请人应按照中国民航规章《飞行训练中心合格审定规则》（CCAR-142）的要求建立飞行训练中心并通过民航局飞标司的合格审定。

9.2.4.2　维修人员培训

航空器型号合格证申请人在飞机交付前，应建立维修人员培训体系，为航空器营运人培养该型航空器的维修人员，培训课程应满足 ATA-104 规范的要求。航空器型号合格证申请人还应按照中国民航规章《民用航空器维修培训机构合格审定规定》（CCAR-147）的要求建立机务维修培训中心，并通过民航局飞标司的合格审定。

9.3　型号合格证持有人与持续适航

9.3.1　航空器缺陷/问题和修正措施

航空器投入运行后，会在使用、维修过程中出现和发现缺陷、事故或潜在的不安全状态，影响航空器的安全运行。根据国际民航组织对航空器持续适航的要求，应由"负责型号设计的机构（即航空器型号合格证持有人）、设计国和登记国适航管理当局对缺陷、事故和维修及使用信息进行收集、传递和分析"，并根据分析结果采取推荐性的或强制性的修正措施。

9.3.1.1　缺陷/问题的类别及其汇报与收集

1）航空器安全性缺陷分类

影响航空器安全性的缺陷有以下三类：

（1）航空器服役过程中暴露的问题，如运营中出现的事故征候（Incidents）和维修过程中发现的缺陷。此类问题通常由航空器营运人和航空器维修单位（Maintenance/Repair Organization，MRO）发现。

（2）航空器交付后发现的制造缺陷，如机加工错误、装配错误、校装错误和采用了不恰当的设备。此类问题通常有航空器设计、制造部门发现。

（3）设计缺陷。此类问题通常由设计部门在对以前的设计进行回顾评估时发现的。

2）航空器营运人的责任

航空器营运人的职责是保持航空器的适航性。当航空器在运行过程中出现问题时，航空器营运人应向航空器型号合格证持有人、航空器登记国的持续适航管理机构进行报告。目前我国航空器营运人采用使用困难报告系统（Service Difficulty Reporting，SDR）向民航局持续适航管理部门进行汇报。

3）航空器维修机构责任

航空器维修机构的职责是：将其在维修工作中发现的各种问题，向相应的适航管理当局、航空器营运人、航空器型号合格证持有人进行汇报。

目前我国的航空维修机构将维修过程中发现的缺陷或不适航状况向民航局或民航地区管理局汇报。CCAR－145 部第 145.34 条规定：维修单位应当将维修过程中发现或者出现的、影响民用航空器安全运行和民用航空器或航空器部件适航性的重大缺陷和不适航状况以及其他重要情况，在事件发生后的 72 小时之内，向民航局或者民航地区管理局报告。具体包括：

（1）航空器、发动机、螺旋桨或直升机旋翼系统结构的较大的裂纹、永久变形、燃蚀或严重腐蚀。

（2）发动机系统、起落架系统和操纵系统的可能影响系统功能的任何缺陷。

（3）任何应急系统没有通过试验或测试。

（4）维修差错造成的航空器或者航空器部件的重大缺陷或故障。

4）航空器型号合格证持有人的责任

航空器型号合格证持有人的职责是监督设计、控制生产，并向相应的适航管理当局报告设计缺陷和生产缺陷；同时，航空器型号合格证持有人应建立信息收集和分析机制（系统），收集来自自身、营运人和维修单位报告的使用、维修中出现或发现的缺陷和问题，并将该系统向所用营运人开放。

航空器型号合格证持有人应分析收集的缺陷和问题，并将涉及安全的问题向适航管理当局汇报，必要时展开相应调查。

5）适航管理当局的责任

航空器适航管理当局的责任是必须建立相应制度，确保所用问题、缺陷能够得到收集、汇报和分析处理，并建立各国（航空器设计国、航空器登记国）之间的信息交流制度。

9.3.1.2　航空器适航性缺陷修正措施

1）航空器型号合格证持有人的责任

航空器型号合格证持有人应组建评估委员会，及时对自身收集到的设计/生产缺陷,以及航空器营运人或维修单位报告的事件、缺陷进行筛选、评估,以判断此类问题是否与安全有关。

当确认此类问题与安全相关时,航空器型号合格证持有人应做以下工作:①启动服务通告(Service Bulletins,SB)编写流程;确定需要发布的服务通告的类型;在编制服务通告时,将临时处理办法以服务信函(Service Letter,SL)、维护技巧、所有用户电传(All Operator Telex,AOT)等方式通知航空器营运人。②将紧急服务通告或一些与安全有关的服务通告,通知适航管理当局。如果适航管理当局认为该问题应该以适航指令(AD)形式发布,航空器型号合格证持有人应在局方的要求下为编写适航指令提供技术帮助。

在有些情况下,如果适航管理当局在对与安全有关的事件进行评估以后,认为有必要发布服务通告,航空器型号合格证持有人则须依照适航管理当局的要求发布一个服务通告。

服务通告编制完成后,型号合格证持有人应将其发送给所有相关用户并监控服务通告的实施情况。

2) 适航管理当局的责任

航空器适航管理当局通过制定、颁发适航指令,并监控实施适航指令的实施情况来完成对航空器适航安全缺陷的修正。颁发适航指令是保证持续适航性的重要手段。

当适航管理当局接收到航空器型号合格证持有人提交的服务通告时,应对其进行评估,确认是否需要发布适航指令。一旦适航管理当局决定颁发适航指令,将要求航空器型号合格证持有人提供适航指令的编写支持,并评估/确认航空器型号合格证持有人所制定的修正行动。

另外,适航管理当局也会根据自身对获取的潜在不安全信息的评估情况,决定是否启动适航指令编发流程。局方通常会联系航空器型号合格证持有人并要求其对潜在的不安全状况进行初步分析并进行内部评估,依照航空器型号合格证持有人的分析报告重新考虑自己的立场,并最终决定是否继续该适航指令编发流程。

总之,航空器型号合格证持有人在航空器适航性缺陷修正工作中负有极其重要的责任,承担着缺陷收集、调查分析、汇报,制定修正措施(颁发服务通告,支持局方制定适航指令中的修正措施)、及时修订相应的技术资料(手册和程序),并将修正措施和修订的技术资料通报给航空器营运人,对航空器出现的不安全缺陷进行及时的修正,恢复航空器的适航性。因此,从某种意义上讲,航空器型号合格证持有人是航空器持续适航第一责任人,是保证航空器持续适航的技术核心和坚强后盾。

9.3.2　航空器使用困难报告系统

9.3.2.1　我国航空器使用困难报告系统背景

"航空器使用困难报告系统"使用软件管理系统通过互联网进行数据传输,航空公司负责使用困难报告的录入,地区管理局和民航局飞标司负责数据的审核、统计分析、建议反馈和网络管理。

为确定故障原因、避免故障重复发生、提高维修水平,航空器营运人应建立使用困难报告的调查程序,通过调查程序明确故障件和失效系统,以及故障和失效模式,为最终确定故障原因提供依据。对于一些重大事件、典型事件、特殊事件(如事故征候、重复性事件、影响较大的事件等),为及时准确查明事件原因,预防再次发生,民航局飞标司、地方管理局维修处、监管办将相应参与调查。

对于某些故障(如腐蚀、轮胎爆胎等),由于涉及面广(如厂家、航空公司)、要求的技术工艺复杂,对查明原因造成了一定的难度,为此需编写一些针对性强的特殊调查程序,为科学客观地调查此类事件提供指导。

9.3.2.2　使用困难报告的范围

1) 运行类使用困难报告

根据 CCAR - 121 部第 121.707 条 a)款规定,航空器出现和发现下述情况时,航空器营运人应向局方汇报:

(1) 飞行中的失火以及有关火警系统工作不正常。

(2) 飞行中的假火警信号。

(3) 在飞行中引起发动机、相邻结构、设备和部件损坏的排气系统的故障或失效。

(4) 飞行中由于飞机部件的故障或失效引起烟、蒸气、有毒或有害烟雾在驾驶舱或客舱积聚或流通。

(5) 飞行中或地面发动机熄火或停车。

(6) 螺旋桨顺桨系统失效或在飞行中该系统控制超速的能力不正常。

(7) 飞行中燃油系统或应急放油系统的故障或渗漏。

(8) 飞行中非正常的起落架收放或起落架舱门的开启和关闭。

(9) 刹车系统的失效或故障。

(10) 飞机系统及其部件的故障或失效导致中断起飞或在飞行中采取紧急措施的情况,需要采取紧急措施的情况包括:

(a) 返航、改航、中断起飞、滑回、紧急下降、发动机关车、释放灭火瓶、释放氧气面罩、使系统失效/断开电路、客舱释压、抛油、中止进近、重力放起落架、复飞等。

(b) 飞行中或地面滑跑过程中发动机反推异常打开或失效。

(c) 外界环境对飞机的影响,包括飞行中遭雷击、冰击、鸟击、遇风切变、严重颠簸、重着陆、外物撞击等导致航空器受损。

(d) 飞机结冰造成飞机操纵特性的明显降低。

(e) 飞行中飞行指引或导航系统中出现的系统失效。

(f) 在飞机运行阶段出现的姿态仪、空速表或高度表的失效或故障。

(g) 影响延程运行飞行安全的失效或状况,如造成的返航、改航、发动机失效,ETOPS (Extended Range Operation with Two-engine Airplanes,双发飞机延伸航程运行)系统失效等。

（11）在实际撤离、培训、测试、维修、演示或无意使用时,任何应急撤离系统或其部件(包括应急出口、旅客应急撤离灯系统、撤离设备)的缺陷或不能完成预定的功能。

（12）自动油门、自动飞行或飞行操纵系统或其部件的故障或不能完成预定的功能。

（13）已经危及或可能危及飞机的安全运行的故障或缺陷。

2）结构使用困难报告

根据 CCAR - 121 部第 121.708 条 a)款规定,航空器出现和发现下述情况时,航空器营运人应向局方汇报:

（1）腐蚀、裂纹、或开裂导致要求更换有关的零部件。

（2）腐蚀、裂纹、或开裂因超出制造厂家规定的允许损伤限度导致要求修理或打磨。

（3）在复合材料结构中,制造厂家指定作为主要结构或关键结构件的裂纹、破裂、或开裂。

（4）根据未包含在制造厂家的维修手册中,但经过批准资料进行修理的情况。

（5）已经或可能危及飞机安全运行的其他飞机结构的失效或缺陷。

3）其他报告

航空营运人除报告以上范围内的事件外,还应尽可能地报告涉及产品设计缺陷、修理质量问题、故障频繁出现、故障原因无法确定等问题,为改进产品、经验交流、提高维修水平等提供帮助。

航空营运人应在故障事件发生或发现后的 24 小时内(节假日不顺延)填写和提交使用困难报告。

9.3.3 服务通告(SB)体系

9.3.3.1 服务通告概述

1）服务通告的定义

服务通告(SB)是航空器型号合格证持有人为了保证交付使用的航空器安全、经济、可靠地运行,向航空器营运人颁发的一种支援性文件。服务通告一般源于适航标准的修订、设计和制造的改进、使用和维修过程中发现的问题以及使用性和经济性的改善等。

2）服务通告的内容

服务通告一般会涉及航空器结构或构型变化,强制性的服务通告通常与飞行安全有关。一般服务通告由以下内容组成:

（1）发送函:包括 ATA 规范的章节号和题目、附加工作说明、更改原因、服务通告历次更改说明、服务通告更改记录。

（2）摘要:对服务通告内容的概述,概述服务通告发布的原因和要求的工作。

（3）计划信息：包括能使用户确定本服务通告是否适用，以及计划实施所需的信息。通常包括以下内容：有效性、协同处理要求、原因、说明、批准、人力、材料、工具、重量与平衡、电气负载数据、软件实施摘要、参考资料、受影响的出版物、零件的互换性等。以上内容也可根据需要选用。

（4）材料信息：提供完整的可获得的成套零件表或价格表、价格持续时间、价格间断数量和成套交付信息；标明可能使用的标准项目；零件的制造商等。

（5）实施说明：给出完成该项工作所需的详细步骤，工作步骤应该按顺序编号，以便查阅。

（6）附录：附录用以支持服务通告中的程序或实施说明，也可以包括图表。

（7）意见反馈表：发送服务通告时通常附一份意见反馈表，由用户贯彻通告后填写，反馈给服务通告发布单位。

3）服务通告的发布原则

当出现以下情况时，需要发布服务通告：

（1）对影响飞机、发动机或附件（包括计算机软件）性能的问题，需要改善其可靠性、提高操作安全性、改善经济性或改进维修或操作方法时；

（2）用某一零件替换另外一个零件，而该替换零件在功能和结构的两个方面不能完全互换，或者这样的互换十分紧急或重要，要求有专门的计划或进度记录时；

（3）一种嵌入式软件程序被另一种能够改变设备功能和程序化存储装置零件号的软件所替换，且需要进度记录时；

（4）为了保持飞机、发动机或附件的安全使用状态而要求进行如下特殊检验/检查时：

（a）一次性的检验/检查，以检测有无裂纹或制造缺陷。

（b）在采取纠正措施之前要求进行的特殊检验/检查。

（c）检测初始故障所要求的重要特性的特殊功能检查。

（5）为部件减少现有的寿命限制或确立首次寿命限制时。

（6）发动机改型时。

（7）更改零件的可互换性和可混用性时。

4）服务通告的类别

（1）根据发布主体分类。

根据发布服务通告的责任主体不同，服务通告分为航空器型号合格证持有人服务通告、零部件制造商服务通告和航空器附件、发动机厂家服务通告。

航空器型号合格证持有人颁发的服务通告以建议用户对服役飞机进行改装或检查，服务通告的格式和内容是根据美国航空运输协会 iSpec2200 编制的，服务通告号由飞机型号、ATA 参考章节及顺序号组成，例如：SB A320 - 24 - 1002。

航空器营运人应当及时向航空器型号合格证持有人报告服务通告的执行计划及具体执行情况。

零部件制造商服务通告是由零部件供应商发布,通知航空公司用户有关零部件的改装。当零部件制造商的服务通告影响到下列任一或多个方面时,其通告内容应被航空器型号合格证持有人的服务通告涵盖:安全性;飞机性能、飞行运行和地面操作;双向互换性;勤务和地面维护;同时涉及飞机机体自身的改变和同时进行几个零部件制造商服务通告。

对于航空器附件生产厂商、发动机生产厂商颁发的服务通告,首先是被航空器制造厂商采纳,然后以航空器制造厂商的名义颁发服务通告。

(2) 根据对安全的影响程度分类。

根据所涉及的问题对安全影响的程度不同,服务通告分为三类:紧急服务通告、标准服务通告和灵活性服务通告。

紧急服务通告(Alert Service Bulletin,ASB)可能涉及航空器的适航性和安全性,要求用户立即采取行动。当需要用户迅速采取行动时,服务通告就用"Alert"的形式发布。紧急服务通告一般在 ATA 章节号与 SB 顺序号之间添加字母"A"进行标识。为帮助用户了解文件的紧迫性,其文件的纸质版打印成浅蓝色并在页码的顶部用单词"ALERT"作提示。

紧急服务通告是服务通告的一种特殊形式。因为所包含的内容要求用户立即采取行动,紧急服务通告所列的工作一般要求自发布之日起几周内完成。紧急服务通告所列的工作以后可能会通过民航当局以适航指令(AD)的形式上升为强制性工作。即使不发布适航指令,航空器型号合格证持有人也会以强制性工作要求用户完成。

标准服务通告,通常包括通常有检查服务通告、改装服务通告和涉及供应商的服务通告。

(3) 我国适航管理当局对服务通告的分类。

在我国航空规章体系中,适航管理程序 AP-21-02《关于国产航空产品服务通告管理规定》根据服务通告所颁发的内容、执行期限进行了分类:

(a) 普通类:属航空产品生产厂家在根据原设计的基础上,为提高其性能、寿命、使用条件、环境等进行的改进、改装所发出的服务通告,用户根据情况选择执行;

(b) 重要类:属航空产品生产厂家在根据原设计达不到设计标准,用户在使用中发生问题,危及飞行安全等情况而需要进行的改装、更换、检查、更改技术寿命所发出的服务通告,用户要按通告执行;

(c) 紧急类:内容同重要类,是要求在短期内要完成的改装、更换、检查,是为避免直接危及飞行安全而采取的紧急措施,用户应按通告规定期限立即执行。

服务通告中重要类、紧急类应由民航局适航管理部门审评,必要时由适航管理部门颁发适航指令。

9.3.3.2　型号合格证持有人的服务通告处理程序

1) 概述

航空器型号合格证持有人通过编写并发布不同的文件通知或建议航空器营运

人对其机队进行检查、改装或其他维修活动。这些由航空器型号合格证持有人发布的文件通常是以固定的形式与营运人进行沟通,可以是:服务通告(SB)或紧急服务通告(ASB)。根据其重要性和对安全的影响程度,服务通告分为几个等级。根据服务通告文件的类型和所沟通信息的重要程度,航空器营运人对不同级别服务通告进行评估、处理和执行的优先级是不一样的。

有时,航空器型号合格证持有人会要求发布适航指令(AD)以确保服务通告能够得到执行;更多时候,在评估这些问题的过程中,由适航管理当局决定是否需要强制执行。一旦服务通告所要求的内容通过适航指令(AD)的形式发布,航空器营运人必须在规定的时间期限内执行。

2) 服务通告处理流程关键要素

ATA iSpec111 和 iSpec100 可以作为航空器型号合格证持有人进行服务通告(SB)的处理的指南。

在 SB 处理流程中,关键要素是:过滤(评估、分析)问题、SB 类型确定、SB 处理(编制)、与局方协调、SB 发布和监控。

(1) 过滤(评估、分析)问题。

每个航空器型号合格证持有人都有一套程序用于评估航空器在使用过程中出现的一些问题,以及决定采取什么行动来解决这些问题。在开始分析或评估时,判断这些问题是否与安全有关,最后由评估委员会做出决定。

这些问题的出现主要来自以下几个方面:航空器设计、生产单位自身复查或试验中发现;供应商产品或系统的更改;适航要求的更改变。而大量的问题是在航空器使用和维修中暴露出来的问题。

(2) 确定 SB 类型。

一旦确定问题与安全有关,评估委员会/评估组就应确定需要发布的服务通告的类型。

(3) 处理(编制)SB。

编制服务通告可能需要几个月的时间,但基于安全原因,又不允许航空器营运人等这么长的时间再解决问题,可以采用其他应急的解决办法临时处理。如在编制服务通告的同时,采用服务信函(SL)、维护技巧、所有用户电传(AOT)等方式,通知航空器营运人相关信息/临时处理办法。

(4) 与局方协调。

如果是紧急服务通告或一些与安全有关的服务通告,必须通知适航管理当局。如果适航管理当局认为该问题应该以适航指令(AD)形式发布,则通知航空器型号合格证持有人。

在有些情况下,适航管理当局在对于安全有关的事件进行评估以后,会要求发布服务通告,这时,航空器型号合格证持有人要依照适航管理当局的要求发布一个服务通告。

（5）发布 SB。

将编制完成的服务通告分发到与之有关的用户。

（6）监控实施情况。

目前,航空器型号合格证持有人还没有能力完全监控服务通告的执行情况,而是通过一些协议约定来规定对服务通告的执行情况进行监控。每个航空器营运人可以自己决定是否执行航空器型号合格证持有人发布的服务通告。以适航指令(AD)形式发布的服务通告是必须执行的,而适航指令执行情况的监控是由适航管理当局完成的。

9.3.3.3 航空器营运人对服务通告的处理程序

1）概述

航空营运人会接收到来自航空器型号合格证持有人或适航管理当局的通知,以建议对其机队可能要进行的检查、改装或其他维修活动,这种通知通常以服务通告(SB)、服务信函(Service Information Letter,SIL)、适航指令(AD)或建议规章制定通知(Notice of Proposed Rul emaking,NPRM)的形式发布。对这些不同文件进行的评估、处理和执行的优先级别是有很大区别的,这取决于文件的类别和所包含的内容。例如,适航指令是要求马上进行处理并采取相应的工程行动或进行跟踪,但可能在几年后才执行。而另一方面,出于运行考虑,由零部件制造商发布的服务通告可能需要马上进行处理并采取行动。也有很多服务通告并没有被航空器营运人执行,这主要是由于没有利润或推荐的维修活动不是很紧急。

航空营运人是否执行服务通告与很多因素有关,如:安全影响、成本、营运人的经验、机队寿命、营运人可靠性方法、飞机停飞要求等等。一旦航空器营运人决定执行服务通告或类似的文件,执行的方法会有不同,这取决于营运人完成这类工作的程序。在有些情况下他们编写非常详细的工程指令并发送到全部的部门执行;还有的情况是用一种简单而固定的沟通方式,通知供应商或营运人的维修厂执行服务通告。航空器营运人可以因为很多因素来考虑是否执行服务通告,这些因素包括:规章要求;安全考虑;标准化考虑;降低维修成本;降低备件成本;降低运营成本等。

2）服务通告典型处理程序

航空器营运人对 SB 处理的程序中包含了当前航空器营运人所采用的最佳实践与做法。

（1）服务通告的接收、评估管理。

当航空器营运人接收到服务通告以后,首先将其载入数据库。这个数据库用于跟踪服务通告处理过程中产生的记录和解决方法。那些没有执行的服务通告也保存在该数据库中。

首先,应对服务通告进行评估,判断该服务通告是否对营运人的机队有效;如果无效,将服务通告编制成文件用于将来参考,处理程序结束。

然后再根据服务通告的类别进行评估。如果是适航指令 AD 要求执行的服务通告,直接进入服务通告的执行阶段;如果不是适航指令 AD 要求执行的服务通告,那么必须判断是否需要执行。

做出上述判断时,不同的航空器营运人会有不同的考虑因素。一般会考虑以下几个方面:如果不执行服务通告是否会出现安全问题? 原始设备制造商(Original Equipment Manufacturer,OEM)的建议是什么(警告? 特别注意? 等等)? 以前航空器营运人在这方面的经验? 执行服务通告对成本和利润的影响,包括:飞机/部件的标准、所需要的停场时间和工时数、项目持续的时间、可靠性/维修性的影响、备件影响、营运影响。

对以上这些问题进行评估,然后决定是否需要执行服务通告。上述问题的答案会影响"是否应该执行服务通告"的决策管理水平。营运人可以与厂家进行联系和协调,以确保完全理解厂家建议的安全行为。

如果决定不执行服务通告,应提供正当的理由并记录下来,尤其应该说明如果不执行服务通告会造成的影响。将这种服务通告编制成文件保存,以备将来参考。

(2) 服务通告的执行。

当决定执行服务通告时,就进入了服务通告的执行阶段。首先要确定是否需要偏离服务通告。如果需要偏离服务通告,必须满足服务通告的要求并获得批准。航空器营运人可以就他们的偏离与厂家进行沟通,以确保满足原服务通告的要求。

当不需要偏离服务通告时,航空器营运人必须制订执行服务通告的计划。该计划应涵盖公司内部所有有关的部门。在制订计划时通常应该考虑到:

(a) 是否影响安全。

(b) 改装的途径(如何执行服务通告),并考虑国内维修厂/境外供应商/对构型管理的影响。

(c) 经费/成本考虑。

(d) 计划安排,要求按预定的维修计划车间修理/专门安排车间修理,并考虑人力资源和技能是否充足。

(e) 采购,重点考虑航材可用性及交货时间/航材的分布。

制订完执行计划后,航空器营运人必须根据其内部程序准备改装操作指南。在编写改装操作指南的同时,其他部门应该对改装文件草案进行评估,并准备必要的修订(手册、数据库等等),用以满足服务通告的要求。

对于有些修订,执行过程中必须仔细监控,以确保精确而完整。尤其是在处理AD、厂家要求的改装或营运人被动的改装时显得尤为重要,防止出现由于疏忽大意造成的重新改装。

一旦完成改装操作指南的编写,就要真正开始飞机的改装。可以使用实际改装的模型或样机来帮助识别服务通告上可能没有说明的未预料的问题或困难,这在复杂改装中是非常重要的。

开始对飞机的改装操作以后,应跟踪机队改装的情况。完成改装以后,通过正常监控程序对改装的有效性进行监控,并向厂家或适航管理当局报告服务通告的执行情况(虽然并不是要求每次都这样做),以确定服务通告的执行情况并对其有效性进行评估。

(3)国内航空公司服务通告处理流程范例。

实际工作中,每个航空器营运人在具体处理由航空器型号合格证持有人或零部件制造商发布的服务通告时会有一些不同,但基本原则是相同的。

9.3.4 适航指令(AD)体系

9.3.4.1 适航指令概述

1) 适航指令的定义

在某一航空产品(飞机、发动机、螺旋桨和机载设备)经型号合格审定之后,适航管理当局发现,该产品很可能还存在不安全因素。针对这种状态,适航管理当局制订的强制性检查要求、纠正措施或使用限制就是适航指令。颁发适航指令是保证持续适航性的重要手段。

不安全因素包括由于设计、制造和使用维护以及其他原因引起的不安全特征、特性或情况。当发现某一航空产品没有按照该产品的型号合格证批准的设计生产,或外国适航管理当局颁发的适航指令涉及在本国注册登记的民用航空产品时也可颁发适航指令。

适航指令分为一般类和要求立即执行的紧急类。适航指令中明确规定所涉及的产品范围及该指令生效日期。

民用航空产品的设计、制造、使用单位和独立维修单位在收到适航指令后,必须负责并保证适用的适航指令在规定时间内正确执行。当遇到特殊情况需要延长或豁免实施某一适航指令时,有关单位应在规定时间内向适航管理当局提出延期、豁免申请。

因此,适航指令(AD)是在型号合格审定后,由适航管理当局针对在某一民用航空产品(包括航空器、航空发动机、螺旋桨、机载设备)上发现的,很可能存在或发生于同型号设计的其他民用航空产品中的不安全状态,所制订的强制性检查要求、改正措施或使用限制。其内容涉及飞行安全,如不按规定完成,有关航空器将不再适航。

2) 适航指令的法律地位

各国适航管理当局均明确要求每一份适航指令均有统一的编号,而且都是CCAR-39部的一部分。民用航空产品在未满足所有有关适航指令的要求之前,任何人不得使用。因此,民用航空产品的设计和制造单位以及使用和维修单位必须保证适用的适航指令在规定的时间内正确执行。对适航指令所规定的要求必须在期限内完成,若因未按时执行或完成适航指令而发生影响飞行安全的事故,由适航指令所涉及的民用航空产品的设计、制造、使用或维修单位负责。

3) 航空器型号合格证持有人在适航指令体系中的职责

航空器型号合格证持有人在适航指令体系中具有相当重要的地位和作用。当航空器设计国民航当局发现(或接收到)某型航空器存在潜在的不安全状态时,适航管理部门的工程师将启动适航指令编写程序。

在适航指令编制程序中,航空器型号合格证持有人的工程部门会在局方的要求下,对潜在的不安全状况进行初步分析并进行内部评估,以决定是否可能出现符合39部中描述的不安全状况。如果局方和航空器型号合格证持有人就某个潜在的不安全状况产生意见分歧时,局方将依照航空器型号合格证持有人的分析报告重新考虑自己的立场,并最终决定是否继续该适航指令编发流程。

如果局方断定存在不安全状况,航空器型号合格证持有人将与局方一道进行风险评估,以鉴定问题的严重性和可能受影响的航空器数量。局方也可能进行安全评估,以便对不安全状况的等级进行鉴定。一般情况下,局方会按照规章的规定,要求航空器型号合格证持有人提供服务信息,以支持适航指令的编写。另外,航空器型号合格证持有人还将参加由局方组织的、对修正措施及其执行情况的联合评估。

9.3.4.2 FAA适航指令编制流程

1) FAA适航指令种类

根据不安全状态的紧急程度,FAA可以通过不同的方式颁发适航指令。按照紧急程度升序排列,三种主要颁发方式为:

(1) 建议规章制订通知(NPRM),并随后发布正式规章。

发现不安全状态后,先以NPRM的方式发布一个建议解决方案,征求公众对方案的意见。公示期结束后,在审查收集到的各方意见基础上,根据情况对解决方案予以修改,形成最终的规章。

(2) 立即执行的指令(并征询意见)。

有些不安全状态可能会要求立即执行某一指令,没有时间进行提前通知、公示和征求意见。此乃非标准程序,不可滥用。

(3) 立即执行的飞行安全指令(紧急适航指令)。

当发生了需要航空器所有人或营运人立即采取行动的不安全状态时,可以通过电报或信件的形式向营运人直接颁发适航指令。随后,这些紧急适航指令通常发布在联邦公报上,作为正式的适航指令,并征询意见。

注:还有其他类型的适航指令,如修订型适航指令、更正型适航指令、适航指令增补建议、替换型适航指令。此外,如果已发现的不安全状况在美国注册的现有航空器不存在时,这时需颁发无通告指令(No-notice Final Rule)。因为问题不涉及美国的营运人,所以不需要公示期。

2) FAA适航指令的编制及评估流程

编制适航指令是形成法规的过程,因此受到相关法律或行政指令的约束。

适航指令的编制通常涉及航空器型号合格证持有人、营运人以及FAA的工作人员。

（1）获取并监控适航信息。

对上报的适航信息、事故征候、事故、及其他来源的适航数据进行监控，识别潜在的风险。通常可以借助这些适航资料、对可能影响持续适航的事件予以预防性趋势监控，或将其用于调查、了解、解决具体的问题和事件。

对于美国制造的飞机，在编制 NPRM 或者编制需要立即执行的适航指令时，常由 FAA 航空器审定办公室的工程师首先启动审查阶段的工作。对于国外制造商生产的发动机及螺旋桨，审查工作则由发动机及螺旋桨部门的工程师来完成。国外生产的运输机的审查工作则由运输机主管部门的工程师完成。FAA 的工程师对制造商的服务通告、服务障碍报告、事故及事故征候件报告、制造商测试/分析报告、国家运输安全委员会指导建议、以及来自于制造商或其他来源的建议进行审查。当发现潜在的不安全状态时，工程师便启动适航指令的编制流程。

（2）确定不安全状态。

FAA 的启动办公室会联系航空器型号合格证持有人，以获取可能存在的其他潜在不安全状况信息。启动办公室会要求制造商对潜在的不安全状况进行初步分析并进行内部评估，以决定是否可能出现 14CFR/Part 39 中规定的不安全状况。如果 FAA 和制造商就某个潜在的不安全状况产生分歧，将依照制造商的分析报告重新考虑自己的立场，并最终决定是否继续该适航指令编发流程。

FAA 的启动办公室会与航空器型号合格证持有人一道进行风险评估，以鉴定问题的严重性和可能受影响的航空器数量。FAA 也可能进行安全评估，以便于对不安全状况的等级进行鉴定。如果必要，FAA 可以按照 14 CFR Part 21.99 的规定，要求制造商提供服务信息，以支持适航指令的编写。对于运输类飞机或相关产品，FAA 启动办公室会与航空器型号合格证持有人、先锋用户航空公司营运人、行业集团以及相关的民航当局（若该产品产地为美国以外地区）携手对修正（改装）措施及其执行情况进行评估。

（3）颁发适航指令。

启动办公室将考虑制造商、营运人、相关产业集团以及国外适航管理当局提供的信息来决定编制适航指令建议通告（NPRM）的内容和要求。如果启动办公室确定需要编制 NPRM，该办公室开始行文并在联邦公报上发布 NPRM。

启动办公室将审议所收到的所有有关该 NPRM 的公众意见。根据对公众意见的审议结果，对适航指令草案进行修正或撤销。如果启动办公室发现存在必须修正的安全问题，他们将形成、颁布并下发正式的适航指令。适航指令修正（改装）措施须在导言中对收到的、有关 NPRM 的公众意见予以描述和评论。

注：如果国外适航管理当局就其生产制造的飞机及零部件发布了适航指令，而该飞机或零部件同样拥有美国的型号证书，上述步骤可以全部或多数略过。这时，FAA 将审查国外的适航指令，决定是否有必要按照 14CFR/Part 39 内容发布美国

版的适航指令。

（4）后续措施。

航空公司会按照适航指令中的说明来执行该指令。这些说明通常会包含在该适航指令中所提到的制造商发布的服务通告中。

航空公司也可以就某适航指令的执行提出其他建议。其提议可能会发展成为另外一种修正（改装）措施或另外一种执行计划。这些建议的修正（改装）措施或执行计划，与执行 AD 相比，应没有明显的额外风险，并且该建议修改措施须得到发布 AD 的 FAA 办公室的许可。

FAA 的监察员负责监控航空公司适航指令的执行情况。航空公司以及 FAA 的监察员应对该适航指令解决安全问题的效果进行监控并报告其中存在的不足和问题。

9.4　航空器制造商的持续适航体系

作为航空器持续适航第一责任人，航空器型号合格证申请人/持有人应建立完善的持续适航保障体系，为落实设计阶段、生产阶段和航空器服役阶段的持续适航责任提供坚实的技术基础，并为航空器营运人、维修单位和适航管理当局提供强有力的技术支撑和全面的服务，为航空器的持续适航打造全方位的安全网。

航空器合格证申请人/持有人的持续适航体系包括"持续适航设计体系"、"持续适航文件体系"、"持续适航培训体系"、"安全缺陷/问题收集、报告平台"和"持续适航工程体系"。航空器型号合格证申请人/持有人可根据自身的组织结构和工程体系特点，考虑以上体系的设置或将其所涵盖的工作纳入组织现有的体系中。

9.4.1　持续适航设计体系

航空器的持续适航设计工作包含两个方面：①在航空器的设计策划阶段，要充分考虑可达性等维修性要求，制定可维修性设计准则，明确维修性设计要求，确保为日后的检查工作提供必要的可达性，并使为实施维修工作而制订的工艺和措施能得以使用；另外，应将航空器运行规章对航空器的特殊要求作为设计输入，确保航空器获得型号合格证后能顺利通过民航局航空器评估组（AEG）的运行合格审定；②在详细设计阶段中，要将航空器的适航使用限制、维修要求和持续适航文件等"软产品"作为设计工作的重要输出加以重视，因为以上输出皆是确保航空器适航性的重要技术资料，是持续适航工作的关键要素。

9.4.2　持续适航文件编制体系

持续适航文件是航空器营运人运行航空器和落实其适航性责任的基础，航空器型号合格证申请人/持有人应把持续适航文件的编制工作提高到与航空器设计、制造同等重要的高度来对待。世界各国民机成功的经验和失败的教训表明，不能提供完善的持续适航文件并保证不断修订的后续服务，将严重影响该型航空器的交付和正常使用。

现代航空器持续适航文件编制体系应包括以下四个要素：

1）由多方专家构成的高水平编写专家队伍

高质量的持续适航文件离不开高水平的持续适航文件编写队伍。持续适航文件包括维修要求类文件（维修大纲、审定维修要求、适航限制项目）、运行类文件（飞机飞行手册、飞行机组操作手册、主最低设备清单、载重平衡手册等）、维修程序文件和培训规范类文件，因此，持续适航文件的编写技术人员不能局限于飞机设计和 IT 技术人员，必须吸纳具有航空公司运行和维修经验的人员。因此，持续适航文件编写队伍应包括：飞机设计专家、维修性专家和航空公司维修技师（或具有以上工作经验的技术人员）组成的技术队伍和由图形技术人员、IT 技术人员组成的计算机辅助编写人员。

2）搭建基于 S1000D 规范的 IETM 持续适航文件开发技术平台

编写持续适航文件，必须遵从国际通用的编写规范，便于和航空公司之间交换数据。目前在维修技术资料的顶层编制规范上，国外先进航空器制造商已经完成从 ATA iSpec2200 规范向欧洲宇航与防务协会 ASD S1000D 标准转换的技术准备工作，在维修资料的编写中普遍采用更高等级的交互式电子化技术手册（Interactive Electronic Technical Manual，IETM）技术。与传统模式比较，采用 IETM 技术编写持续适航文件，可使数据传递差错率减少 98%、文件编写费减少 40%、出版费减少 60%、故障查找准确率提高 35%。

目前，美国波音公司、欧洲空中客车公司、美国通用电气（GE）公司等世界航空巨头，纷纷将 S1000D 标准引入其最新型号飞机/发动机的技术出版物编制工作，开发 IETM 格式的技术手册。勇于创新的航空公司（如美国的西北航空公司）也开始自行将其现役机队按照 ATA iSpec2200 规范编写的手册移植到基于 S1000D 标准开发的系统中。

由于飞机技术出版物编写是一项庞大的系统工程，需要进行大量的投入和技术储备。持续适航文件的编写规范选择不当，势必对出版物的编制和批准造成巨大的影响，即使通过局方的批准或认可，也会与航空公司出现数据交换问题。面对激烈的市场竞争和不断提高的技术门槛，搭建基于 ASD S1000D 标准的交互式电子技术手册（IETM）格式的持续适航文件编制、管理、发布技术平台，把握国际航空技术手册编写标准的发展趋势，是现代航空器持续适航文件编写工作的必然选择。

3）全面的维修程序验证机制

持续适航文件中的维修程序是航空公司技术人员从事维修活动的技术依据，航空公司的维修人员必须严格按照手册中规定的程序实施维修活动。维修程序的编写逻辑（正确性和合理性）对维修人员从事维修活动存在重大影响，比如出现维修差错概率的高低、飞机维修工作的效率高低等等。局方在持续适航文件审定中，注重对维修程序正确性的审查。

为了验证维修程序的逻辑正确性和操作的适宜性，必须建立全面的维修程序验证机制，在飞机制造、试飞阶段，结合对飞机的实验和维护工作的进行（或在飞机停场期间），实施维修程序的验证工作。在验证活动中，应对维修工装、设备是否合适，警告、告诫信息是否适宜给出正确评价。在重大程序的验证中，应邀请航空公司的技术人员参加，并详细记录验证过程，作为持续适航文件审定的依据。

4）获得适航管理当局认可的持续适航文件有效性管理体系

航空器投入使用后，航空器型号合格证持有人应当对持续适航文件的准确性、可用性和与设计的符合性进行持续跟踪，并在发现或者反馈下述情况下及时修订涉及的持续适航文件：①存在错误或不准确的情况；②缺乏某些航空器使用、维修及其他保持航空器持续适航的限制、要求、方法、程序和信息；③存在不可操作的航空器使用、维修及其他保持航空器持续适航的限制、要求、方法、程序和信息；④航空器型号合格证持有人对航空器的设计予以更改。当航空器型号合格证持有人发布服务通告或执行适航指令时，必须修订受影响的持续适航文件，并及时向受影响的使用人发布。

对于已经交付的航空器，航空器型号合格证持有人可以通过服务文件的方式更改持续适航文件，此类服务文件中应当至少注明以下信息：①修改手册的名称和部分（页码和段落）；②适用的具体构型和序号的航空器（包括设计更改的信息）；③具体修订的内容（一般由制造厂提供修订插页）；④执行期限（如适用）。对于涉及持续适航文件中需局方批准文件内容的更改，如涉及执行期限的项目，一般都以颁发适航指令的方式正式发布。

目前为了提高持续适航文件的修订速度并降低修订工作成本，美国的波音公司和欧洲的空客公司已先后采用客户服务网站为航空公司提供 $7×24$ 小时的及时服务，极大提高了持续适航文件修订服务速度，也提高了持续适航文件的有效性管理质量。

为保证持续适航文件修订控制责任的落实，航空器型号合格证持有人应当建立满足下述要求并经局方认可的持续适航文件有效性控制管理体系：①明确修订责任部门和人员；②能够及时收集、分析和处理航空器用户的使用和维修信息；③将对持续适航文件影响的评估作为设计更改的必要环节；④以书面的程序明确管理体系工作的流程、标准和规范。

9.4.3　持续适航培训体系

航空事故原因调查结果表明，人为因素是造成航空事故的主要原因，其中由于飞行机组和维修人员出现差错或处理不当造成的事故分别占总事故的 70% 和 10% 左右。为航空器营运人提供良好的飞行训练和机务维修人员培训，使飞行人员理解航空器的使用限制，熟悉操作规范，掌握正常和非正常操作程序，使机务维修人员掌握系统工作原理和故障排除方法，将为航空器的正确使用和维修奠定良好的基础。持续适航培训体系应包括飞行训练体系和机务维修培训体系。型号合格证申请人/持有人应按照 CCAR-142 和 CCAR-147 规章要求，建立飞行训练中心和机务维修培训中心,并通过民航局飞标司的合格审定。

9.4.4 缺陷问题收集、汇报平台

航空器型号合格证持有人应依托已有的质量控制系统,实施对设计过程和制造过程的监控,通过连续不断的检查、评估,发现、收集航空器的设计缺陷和产品制造缺陷。另外,还必须建立功能类似于"使用困难报告系统"的信息收集和报告系统,并向航空器营运人、维修单位和适航管理当局提供全面的开放式服务。航空器营运人、维修机构可按标准格式向系统提交航空器在运行中出现和维修中发现的各种问题和缺陷,也可以查阅其他单位上报的各种问题;适航管理当局可以特殊用户(或超级用户)对该系统进行访问,查阅问题汇报和改进措施的制定情况等。

作为该系统的后台支援,航空器型号合格证持有人应建立一支专门的、具有丰富经验的信息评估人员,评估筛选出涉及安全的问题,提交相应的工程技术部门评估分析,同时启动服务通告编写流程,并向适航管理当局汇报。

9.4.5 持续适航工程技术体系

持续适航工程技术队伍的职责是评估经筛选的用户报告问题,确定需要发布的服务通告的类型,并在编制服务通告时,将临时处理办法以服务信函(SL)、维护技巧、所有用户电传(AOT)等方式通知航空器营运人。当需要发布紧急服务通告或重要服务通告时,应向适航管理当局汇报。如果适航管理当局认为该问题应该以适航指令(AD)形式发布时,工程技术队伍将在局方的要求下为编写适航指令提供技术帮助。

工程技术部门应及时归纳、整理缺陷和问题解决措施,定期组织与航空公司展开技术研讨会,向航空公司通报最新技术进展、常见问题的解决方案,听取航空公司的意见,为航空器改进设计或新型号航空器的设计提供参考。

10　对目前我国运输类飞机
适航活动的思考

10.1　使用经验和设计

国外的民机设计人是在非常重视其产品的使用故障、使用困难中发展成长的，是在深入研究、满足用户的需求过程中取得商业成功的。因此，搜集整理现有民机使用故障、使用困难数据，深入分析民机在运营中出现的各种问题，是指导民机设计、满足用户需求的重要方法和手段。

可借鉴的使用经验包括：使用困难报告、事故调查报告、适航指令、咨询通告等。

使用困难报告来源于已交付使用的航空器和发动机、螺旋桨及零部件使用中存在的问题，及国外适航当局对航空产品提出的使用困难和维修方面的要求和意见，以及按照《民用航空产品和零部件合格审定的规定》（CCAR-21部）的有关要求，由航空产品的所有人、使用人和制造人所报告的产品故障、失效和缺陷等。

事故调查是由国务院组织，民航局或地区管理局参加的民用航空器事故调查工作，调查航空产品设计、制造、使用和维修中存在的问题，分析原因，给出安全建议。

适航指令是民航局授权适航部门对民用航空产品颁发的强制性检查要求、改正措施或使用限制，当民用航空产品存在不安全状态，并且这种状态很可能存在于或发生于同型号设计的其他民用航空产品之中，或当发现民用航空产品没有按照该产品型号合格证批准的设计标准生产时，或外国适航当局颁发的适航指令涉及在中国登记注册的民用航空产品时，颁发适航指令。

目前，我国航空公司拥有大量宝贵的各类民用飞机使用经验，对公众需求有较全面、深入的了解，因此应将这些现有的难能可贵的宝贵资源用于我国民机研制之中，将使用困难报告、适航指令、咨询通告等使用经验用于民机设计中。

10.2　隐性知识和显性知识

所谓隐性知识是指深藏于人们头脑、心理和行为之中的抽象性、逻辑性、经验性、技能性知识。显性知识是指以书面文字、图表和数学公式加以表述的知识。对于民机适航活动来说，隐性知识主要是指长期积累下来的大量宝贵的经验，显性知识是我们所掌握的设计标准、适航标准、工业标准等资料。

目前我国运输类飞机在隐性知识和显性知识这两方面都较缺乏。一方面,对于适航标准、使用困难报告(SDR)、适航指令(AD)、咨询通告(AC)、服务通告(SB)、工业标准等这样的显性知识缺乏深入研究,制定的标准多是直接借鉴欧美标准,没有很好的分析条款建立的背景、安全性影响,没有很好地将这些显性知识转换成我国民机研制所需的隐性知识。另一方面,对于和国外供应商交流合作过程中学到的隐性知识,没有做到"有心人",没有很好地向显性知识转化和升华,没有形成对国外供应商有效控制的合理方法理论,长期下去,民机型号很难形成自主知识产权。

因此,我国运输类飞机适航工作应很好地将隐性知识和显性知识相互转换,在工作中形成完善的自学习机制,不断学习、思考和创新,使显性知识成为指导我们开展适航工作的标准,使隐性知识成为确保我们正确、顺利开展适航工作的重要保证。

10.3 "知其然"和"知其所以然"

观察和认知世界上的任何事物,都必须知道它是什么样的,更要知道它为什么是这个样的,即看事物不但要看到现象,更要看到本质,这就是"知其然"和"知其所以然"的问题。

在运输类飞机适航工作中也应该强调"知其然和知其所以然"问题,在学习借鉴国外民机设计理论、适航要求、管理方法的同时分析研究标准、规定、方法建立的背景、目的、依据和意义。然而目前,一方面我国飞机制造商在对系统、设备供应商的控制和技术要求方面,持续适航文件方面还没解决知其然问题,设计人员在适航标准的理解和运用上还没有完全做到知其然;另一方面,适航审定系统还没有完全解决适航要求的知其所以然问题。

要使民机产业成功必须至少完全解决知其然问题,在此基础之上还要积极研究解决知其所以然问题。

10.4 技术成功和产业成功

运输类飞机是科学技术高度密集和综合反映国家工业水平的重大工程,技术要求高,产品涉及面广。目前制约我国运输类飞机研制的关键技术,也是我国自主研制运输类飞机所面临的重要挑战主要为:

(1)民用发动机技术薄弱。尽管我国在军用发动机技术上已经具有相当的技术实力和经验,但是在民用发动机设计上技术储备相对不足,技术基础相对薄弱。

(2)材料技术差距明显。与国际航空强国相比,我国航空材料技术差距较大,主要表现为:材料标准工作亟须强化、结构材料研制较为落后、发动机材料具有较大差距。

(3)系统集成技术相对不足。由于目前我国运输类飞机系统、设备等广泛向国际供应商采购,同时飞机结构和系统极为复杂,因此系统集成技术,包括机载系统、设备和飞机总装集成技术极为关键。我国在此方面的技术水平和经验都相对不足。

因此要取得运输类飞机的技术成功,应着重解决以上关键技术问题,这是一个长期的发展过程,需要几代人的努力和奋斗。

我国目前具备让一个民机产品成功的能力,而关键系统仍需借助供应商。要使民机产业成功我们仍然面临以下挑战:

(1)每个从事民机研制活动的人,尤其一线设计人员,必须对和自己工作相关的适航要求知其然并知其所以然,必须从方案论证到飞机退役的整个过程中严格符合适航要求。

(2)必须形成对供应商的有效控制能力,必须掌握对供应商如何提出技术要求的知识。

(3)必须深入了解顾客,即航空公司和乘客的需求,必须满足顾客的需求,在顾客满意中实现民机产业的成功。

(4)申请人必须有一个系统综合(包括对供应商控制)的核心团队,从设计开始就全面地、综合地、合理地、专心地考虑飞机级的问题,考虑飞机对各系统和供应商的要求,建立对供应商严密、合理、全过程的控制。

10.5 主制造人和供应商

供应商按主制造人的要求(或者说飞机级的要求)设计飞机,主制造人承担所有适航责任。

风险共担/利益共享的全球合作模式是目前飞机制造业最新的研制模式。在这种模式下供应商既要承担风险,也将分享利润。这种新的国际合作模式在国际航空工业界已广泛采用,波音、空客、庞巴迪等国际知名飞机制造商的一些大型的运输类飞机项目都采用过此类模式。

波音制造的 B787 飞机,采用风险共担/利益共享的全球合作模式。制造商的商业模式已从最初的几乎完全由国内制造,到现在 B787 的机体部件主要由国外来制造。例如,波音的风险共担合作伙伴来自日本、意大利和美国,他们为 B787 生产复合材料结构件。

空客在 2010 年 2 月公布的重组计划中就表示,A350 宽体飞机约 50% 的飞机结构工作将外包给与空中客车风险共担的合作伙伴。随后,俄罗斯方面就宣布承担空客 A350 飞机开发成本的 5%,以换取在 A350 机身项目中占有 5% 的工作量。而空客也表示,中国也将承担 A350 宽体飞机外包工作份额的 5%,包括研发和设计。

ARJ21 新支线飞机项目也采用全球供应商"风险共担/利益共享"的这种合作模式,吸纳了多家国际著名航空制造商参与其中,他们以不同的形式参与到飞机的设计之中,与中国一航商飞共同对飞机系统进行联合定义,分别对所负责的部件或分系统进行设计和制造。这种新的国际合作模式在我国尚属首次。

我国飞机制造商目前的挑战主要是我国运输类飞机制造商和供应商的合作态势属弱-强合作。虽然利用供应商的技术优势降低民用飞机研制的技术难度,提高飞机研制的技术水平,然而由于大量使用国外供应商,使主设计人对整个飞机/系统的技术掌握程度不高,从而使飞机/系统的集成的技术难度相应增加,提升了飞机制造商对供应商管理的难度和风险。解决这一挑战的方法,就是要求我国的飞机制造商学习借鉴国外飞机制造商、供应商管理的经验,依照 FAA 和 EASA 对于供应商适航管理的规定和要求,同时在与供应商的合作过程中要做"有心的组织"和"有心的人",总结我国供应商管理的特点、要求和方法,探索出适合我国国情的供应商管理方法与理论。

这种"风险共担/利益共享"的合作模式对我国适航审定系统来说也是一项充满挑战的工作。突出表现在几个方面:一是人力资源问题。供应商分散在世界各地,以我国适航审定现有人力资源,无法对世界范围内 ARJ21 项目的供应商进行制造符合性检查和审定;二是从适航审定工作的社会管理成本来讲,也不允许适航审定人员去世界各地进行审查;三是各国供应商对自己拥有的知识产权存在保护。针对上述问题,我国适航审定系统也采取了一些积极的应对措施:在总结和摸索中制定了相关管理程序,同时积极开展与 FAA 开展双边合作,委托其派代表进行相关的符合性验证和检查工作,推动我国飞机型号申请人不断完善设计保证体系,把国外的供应商纳入其设计保证体系之中,对每一个国外供应商都设有适航联络人等。目前,这些措施对推动 ARJ21 型号审定工作已取得了积极成效,然而虽然飞机型号申请人对供应商的工程控制能力正在慢慢提高,但是还不能完全达到局方的要求。

10.6   审查和合作

适航标准是一类特殊的技术性标准,是为保证民用航空器的适航性而制定的最低安全标准。适航标准是国家法规的一部分,必须严格执行。

适航审查是以保障民用航空器的安全性为目标,是适航部门依据适航规章、程序和标准,对民用航空器(包括其部件、系统)的设计、制造等环节进行科学统一的审查、鉴定和监督,以确保航空器及其零部件的设计、制造满足适航规章规定的最低安全标准。

申请人接受适航部门对其产品进行审查并不是为了最终获得适航证件,获得出售商品的通行证,根本目的是为了确保其产品满足公众批准的最低安全要求,确保航空器的安全性水平。只有研制出的民用航空器达到了国际公认的安全性水平,才能在国内外市场上确定牢固稳定的地位,与国际飞机制造商竞争。保证航空器的适航性是产业成功最基本的条件。

申请人接受适航部门对其产品进行审查,也可以看做是申请人与局方的一种合作,即为了最低安全要求这一共同目标的合作。良好的合作表现为:当局方在适航审查中发现申请人的设计、制造等方面存在问题时,应立即告知申请人,并与申请人共同规划符合性验证活动,共同讨论公众可接受的符合性验证方法,最终申请人经研究、试验验证认为符合适航要求后请局方确认是否确实满足要求。相反地,不应该发生的合作表现为:当局方在适航审查中发现申请人的设计、制造等方面存在问题时不及时告知申请人,而是等申请人提交批准时再说;申请人在设计中没有很好地将适航要求融入到产品研制过程中,研制之后提交局方,要局方来判断其产品是否符合要求;申请人有意隐瞒真相,与局方博弈;为了确保产品研制进度及经费运算要求,申请人降低产品的安全要求。

从上面的分析可以看出,局方与申请人之间应该建立良好的审查和合作关系。局方实施适航审查的目的就是为了确保航空器的最低安全水平,为了保证公众利益。申请人接受检查并与局方良好合作,有利于按时、保质、保量地研制出满足安全要求的民用航空产品,不仅确保了公众利益,而且也成为产业成果的重要支撑。

附录 1 FAA 运输类飞机相关适航标准修正案清单

附表 1-1 FAR 21 部修正案清单

序号	修正案编号	修正案名称	颁布日期
1	修正案 21-01	适航证件的有效性	1965-06-17
2	修正案 21-02	出口适航许可程序	1965-06-24
3	修正案 21-03	移交程序限制	1965-07-07
4	修正案 21-04	限用类航空器适航合格审定	1965-07-23
5	修正案 21-05	J 分部——委任选择授权程序	1965-08-30
6	修正案 21-06	M 分部——指定的变更场所授权程序	1965-08-30
7	修正案 21-07	Ⅰ类临时型号合格证有效期	1965-11-08
8	修正案 21-08	出口适航许可程序	1966-01-28
9	修正案 21-09	把"周期性检查"名称改为"年度检查",并澄清 100 小时的检查要求	1966-02-25
10	修正案 21-10	本章的其他修正	1966-06-28
11	修正案 21-11	出口适航许可证	1966-09-16
12	修正案 21-12	Ⅱ类临时型号合格证的颁布和国外制造商型号合格证的临时修正	1967-01-03
13	修正案 21-13	航空器、航空发动机和螺旋桨的标识	1967-01-03
14	修正案 21-14	出口适航许可程序	1967-02-10
15	修正案 21-15	航空发动机和螺旋桨的动力装置设计要求	1967-02-24
16	修正案 21-16	适坠性和乘客撤离标准:运输类飞机	1967-09-15
17	修正案 21-17	产品与型号设计的一致性	1967-10-23
18	修正案 21-18	委任授权	1967-11-01
19	修正案 21-19	专用条件的发布	1967-12-07
20	修正案 21-20	正常类、实用类、特技类和运输类航空器的适航审定	1968-02-09
21	修正案 21-21	特殊适航证	1968-04-30
22	修正案 21-22	转场飞行持续批准的特殊飞行许可证的颁布	1968-08-15
23	修正案 21-23	旋翼航空器关键部件	1968-09-10
24	修正案 21-24	型号合格证适用条例的选定	1969-01-03
25	修正案 21-25	型号合格审定和批准	1969-08-28
26	修正案 21-26	适用性	1969-09-11
27	修正案 21-27	噪声型号合格审定标准和程序的采纳	1969-11-03
28	修正案 21-28	国外民用航空器特许飞行授权的条件和限制	1970-02-05

序号	修正案编号	修正案名称	颁布日期
29	修正案 21‑29	制造商报告要求：失效、故障和缺陷	1970‑02‑11
30	修正案 21‑30	制造商报告要求：失效、故障和缺陷，有效期延长	1970‑03‑24
31	修正案 21‑31	委任授权：试验合格证颁发	1970‑05‑09
32	修正案 21‑32	美国对进口限制类航空器的适航证的颁发	1970‑06‑23
33	修正案 21‑33	制造商报告要求：失效、故障和缺陷，有效期延长	1970‑07‑01
34	修正案 21‑34	依据型号合格证的生产	1970‑08‑15
35	修正案 21‑35	制造商报告要求：失效、故障和缺陷，有效期延长	1970‑10‑01
36	修正案 21‑36	制造商报告要求：失效、故障和缺陷	1970‑11‑28
37	修正案 21‑37	制造商报告要求：失效、故障和缺陷	1970‑12‑04
38	修正案 21‑38	替换和更改零件	1972‑05‑26
39	修正案 21‑39	新生产的老型号飞机的噪声标准	1973‑10‑26
40	修正案 21‑40	航空器和航空发动机的合格审定程序和型号合格审定标准	1974‑10‑01
41	修正案 21‑41	零部件制造人的批准	1974‑12‑04
42	修正案 21‑42	小型螺旋桨飞机的噪声标准	1975‑01‑06
43	修正案 21‑43	适航评审大纲：表格编号和说明修订	1975‑01‑14
44	修正案 21‑44	适航评审大纲第 3 号修正案：其他修正	1976‑12‑20
45	修正案 21‑45	大型航空器出租商持续批准的特殊飞行许可证的颁发	1977‑09‑29
46	修正案 21‑46	适航评审大纲第 6 号修正案：飞行修正案	1978‑01‑16
47	修正案 21‑47	民用超音速飞机：噪音和音爆要求	1978‑06‑29
48	修正案 21‑48	出口适航许可证	1979‑03‑15
49	修正案 21‑49	展览、航空竞赛和业余爱好者制造的航空器：适航合格审定和维修合格审定	1979‑08‑09
50	修正案 21‑50	技术标准规定（TSO）修订大纲	1980‑06‑09
51	修正案 21‑51	适航评审大纲第 8A 号修正案：航空器、发动机、螺旋桨的适航性和程序的修正	1980‑09‑11
52	修正案 21‑52	设计用于农业作业或救火的小型螺旋桨飞机的操作限制和相关要求	1980‑11‑10
53	修正案 21‑53	滑翔机的型号合格审定程序	1981‑01‑15
54	修正案 21‑54	特殊飞行许可证，适用性的扩展	1981‑07‑23
55	修正案 21‑55	产品和零部件的合格审定程序：出口适航批准	1981‑09‑08
56	修正案 21‑56	航空器噪声要求：修正大型涡轮喷气运输类飞机发动机/短舱的"声学更改"定义	1982‑01‑07
57	修正案 21‑57	用于市场调查的改型航空器的试验合格证	1984‑10‑09
58	修正案 21‑58	正常类、实用类和特技类飞机的肩带	1985‑11‑13
59	修正案 21‑59	适航标准和运行规章：通勤类飞机	1983‑11‑15
60	修正案 21‑60	特殊类航空器型号合格审定和适航合格审定适用条例的选定	1987‑03‑13

（续表）

序号	修正案编号	修正案名称	颁布日期
61	修正案 21-61	正常类、运输类和限制类直升机的噪声标准最终规章	1988-02-05
62	修正案 21-62	航空噪声审定标准	1988-05-06
63	修正案 21-63	小型螺旋桨飞机和通勤类螺旋桨飞机的噪声合格审定标准	1988-11-22
64	修正案 21-64	依据生产许可证生产的零件和产品的制造商责任	1988-12-01
65	修正案 21-65	运输类飞机旅客应急出口的位置	1989-06-23
66	修正案 21-66	运行和飞行总规则的修订	1989-08-18
67	修正案 21-67	组织更改和权力委任	1989-09-25
68	修正案 21-68	涡轮发动机飞机的燃油通风和废气排放要求	1990-08-10
69	修正案 21-69	适航标准:正常类和运输类旋翼航空器肩带要求	1991-08-16
70	修正案 21-70	初级类航空器	1992-09-09
71	修正案 21-71	最大起飞重量不超过 6000 磅的初级类、正常类、运输类和限制类直升机噪声合格审定程序的选择	1992-09-16
72	修正案 21-72	当局引用语的修订	1995-12-28
73	修正案 21-73	直升机增加或去掉外部设备时型号合格审定程序的更改	1996-05-07
74	修正案 21-74	国内、挂旗、补充、通勤和按需营运的营运要求:编辑性和其他更改	1997-03-19
75	修正案 21-75	初级类水上飞机	1997-11-25
76	修正案 21-76	直升机按仪表飞行规则运行的飞行计划要求	2000-01-21
77	修正案 21-77	产品更改的型号合格审定程序	2000-06-07
78	修正案 21-78	运输类飞机燃油箱系统设计评审:降低可燃性以及维修和检查的要求	2001-05-07
79	修正案 21-79	通勤类营运和一般类合格审定和营运要求	2001-04-27
80	修正案 21-80	废除过期的特殊联邦航空条例	2002-03-01
81	修正案 21-81	亚音速喷气式飞机和亚音速大型运输类飞机的噪声合格审定标准	2002-07-08
82	修正案 21-82	燃油箱系统失效容限评估的等效安全规定	2002-09-10
83	修正案 21-83	燃油箱系统安全评估的符合性时间的延长	2002-12-09
84	修正案 21-84	部分航空器所有权程序和按需营运条例	2003-09-17
85	修正案 21-85	轻型运动类航空器和驾驶人员的合格审定	2004-07-27
86	修正案 21-86	建立组织委任授权程序	2005-10-13
87	修正案 21-87	维修记录要求	2006-01-04
88	修正案 21-88	新飞机标准适航合格审定	2006-09-01
89	修正案 21-89	多发飞机延程飞行(ETOPS)	2007-01-16
90	修正案 21-90	飞机系统适航性增强大纲:燃油箱安全性(EAPAS/FTS)	2007-11-08
91	修正案 21-91	产品和适航批准:零件标识和其他建议	2008-01-14
92	修正案 21-92	产品和适航批准:零件标识和其他建议	2011-04-16
93	修正案 21-92A	产品和适航批准:零件标识和其他建议	2011-04-16

附表 1 - 2 FAR 25 部修正案清单

序号	修正案编号	修正案名称	颁布日期
1	修正案 25 - 01	乘客应急撤离条例、程序和设备:飞行服务人员,机组人员在应急撤离中的作用	1965 - 03 - 09
2	修正案 25 - 02	座舱声音记录仪	1965 - 03 - 26
3	修正案 25 - 03	运输类飞机最小飞行机组要求	1965 - 04 - 29
4	修正案 25 - 04	飞行机组的隔舱舱门	1965 - 04 - 30
5	修正案 25 - 05	高度表系统要求	1965 - 06 - 29
6	修正案 25 - 06	装有辅助动力的飞机的重量限制	1965 - 07 - 02
7	修正案 25 - 07	运输类飞机的稳定性和失速特性要求	1965 - 10 - 15
8	修正案 25 - 08	飞行记录仪安装要求和修订的最低性能标准	1966 - 01 - 06
9	修正案 25 - 09	应急撤离出口附近绳索和机载扩音器的要求	1966 - 06 - 28
10	修正案 25 - 10	声疲劳评估	1966 - 09 - 10
11	修正案 25 - 11	航空器推进系统设计要求	1967 - 05 - 05
12	修正案 25 - 12	高度表系统要求	1967 - 05 - 24
13	修正案 25 - 13	运输类飞机液压系统	1967 - 06 - 28
14	修正案 25 - 14	燃油系统闪电防护	1967 - 08 - 11
15	修正案 25 - 15	适坠性和乘客撤离标准:运输类飞机	1967 - 09 - 20
16	修正案 25 - 16	驾驶舱声音记录仪	1967 - 10 - 06
17	修正案 25 - 17	适坠性和乘客撤离标准:运输类飞机	1968 - 06 - 20
18	修正案 25 - 18	应急放油系统	1968 - 08 - 30
19	修正案 25 - 19	适航标准:运输类飞机	1968 - 10 - 17
20	修正案 25 - 20	适坠性和乘客撤离	1969 - 03 - 22
21	修正案 25 - 21	维修手册要求	1970 - 01 - 08
22	修正案 25 - 22	大型涡轮喷气航空器的附加姿态仪	1970 - 01 - 08
23	修正案 25 - 23	运输类飞机型号合格审定标准	1970 - 04 - 08
24	修正案 25 - 24	用姿态仪替代角速度指示器的要求	1970 - 05 - 06
25	修正案 25 - 25	附加飞行记录仪数据和其他要求	1970 - 08 - 19
26	修正案 25 - 26	火警探测和发动机功率响应	1971 - 03 - 24
27	修正案 25 - 27	防撞灯标准	1971 - 07 - 10
28	修正案 25 - 28	适航标准:应急滑梯照明	1971 - 08 - 26
29	修正案 25 - 29	应急定位发射机	1971 - 09 - 21
30	修正案 25 - 30	航行灯系统二面角	1971 - 11 - 05
31	修正案 25 - 31	飞行记录仪	1971 - 12 - 10
32	修正案 25 - 32	运输类飞机坠撞安全性和乘客撤离标准	1972 - 02 - 24
33	修正案 25 - 33	应急出口布置	1972 - 09 - 21
34	修正案 25 - 34	大型涡喷客机后舱门的安全要求	1972 - 11 - 30
35	修正案 25 - 35	发动机转子系统不平衡	1974 - 01 - 15
36	修正案 25 - 36	航空器和航空发动机合格审定程序和型号合格审定标准	1974 - 10 - 01

序号	修正案编号	修正案名称	颁布日期
37	修正案 25-37	适航评审大纲:表格编号和说明的修订	1975-01-14
38	修正案 25-38	适航评审大纲第 3 号修正案:其他修订内容	1976-12-20
39	修正案 25-39	适航标准:运输类飞机	1977-01-10
40	修正案 25-40	适航评审大纲第 4 号修正案:动力装置	1977-03-17
41	修正案 25-41	适航评审大纲第 5 号修正案:设备和系统	1977-07-18
42	修正案 25-42	适航评审大纲第 6 号修正案:飞行	1978-01-16
43	修正案 25-43	空速管加温指示系统	1978-03-13
44	修正案 25-44	运行评审大纲第 6 号修正案:运行和飞行总规则及有关的适航标准和机组培训	1978-10-05
45	修正案 25-45	疲劳评审大纲修订内容	1978-10-05
46	修正案 25-46	适航评审大纲第 7 号修正案:机体	1978-10-30
47	修正案 25-47	运行评审大纲第 10 号修正案:适航性、设备和运行规则	1979-10-25
48	修正案 25-48	航空器机轮和机轮刹车组件:适航性和性能标准	1979-11-29
49	修正案 25-49	航空器轮胎:适航性和性能标准	1979-11-29
50	修正案 25-50	飞机客舱臭氧污染	1980-01-21
51	修正案 25-51	适航评审大纲第 8 号修正案:客舱安全性和飞行服务人员	1980-02-04
52	修正案 25-52	技术标准规定(TSO)修订大纲	1980-06-09
53	修正案 25-53	运行评审大纲第 6 号修正案	1980-06-19
54	修正案 25-54	适航评审大纲第 8A 号修正案:航空器、发动机和螺旋桨的适航性和程序	1980-09-11
55	修正案 25-55	联邦航空条例:其他修正案	1982-03-29
56	修正案 25-56	运输类飞机客舱臭氧浓度	1982-12-30
57	修正案 25-57	航空发动机条例评审大纲:航空发动机和动力装置安装	1984-02-23
58	修正案 25-58	地板附近应急撤离通道标识	1984-10-26
59	修正案 25-59	航空座椅椅垫的可燃性要求	1984-10-26
60	修正案 25-60	适航标准:货舱和行李舱的防火要求	1986-05-16
61	修正案 25-61	运输类飞机客舱内饰材料改进的可燃性标准	1986-07-21
62	修正案 25-62	自动起飞推力控制系统(ATTCS)的批准标准	1987-11-09
63	修正案 25-63	航空器噪声合格审定标准	1988-05-06
64	修正案 25-64	改进的座椅安全性标准	1988-05-17
65	修正案 25-65	驾驶舱声音记录仪(CVR)和飞行记录仪	1988-02-12
66	修正案 25-66	运输类飞机座舱内饰材料改进的可燃性标准	1988-08-25
67	修正案 25-67	运输类飞机旅客应急出口的位置	1989-06-23
68	修正案 25-68	运行和飞行总规则的修订	1989-08-18
69	修正案 25-69	燃油箱口盖的设计标准	1989-09-29

序号	修正案编号	修正案名称	颁布日期
70	修正案 25-70	运输类飞机共用有线扩音系统的独立电源	1989-10-27
71	修正案 25-71	运输类飞机改进的增压客舱和隔舱的结构要求	1990-04-10
72	修正案 25-72	专题审查：运输类飞机适航标准	1990-07-20
73	修正案 25-73	涡轮发动机飞机的燃油排放和排气污染要求	1988-05-23
74	修正案 25-74	飞机座舱的防火	1991-04-16
75	修正案 25-75	起落架音响警告	1991-12-05
76	修正案 25-76	改进后的Ⅲ型应急出口通道	1992-05-04
77	修正案 25-77	运输类飞机振动、颤振和气动弹性稳定性要求	1992-06-29
78	修正案 25-78	用氮气或其他惰性气体代替空气作轮胎充气	1993-02-26
79	修正案 25-79	应急撤离演示程序的其他更改：出口手柄照明要求和机内广播系统	1993-08-26
80	修正案 25-80	电气电子系统闪电防护	1994-04-28
81	修正案 25-81	飞机顶起和系留设备的设计标准	1994-04-28
82	修正案 25-82	应急定位发射机	1994-06-21
83	修正案 25-83	改进的运输类飞机座舱内饰材料可燃性标准	1995-02-02
84	修正案 25-84	与欧洲协调运输类飞机的某些飞行适航标准	1995-06-09
85	修正案 25-85	当局引用语的修订	1995-12-28
86	修正案 25-86	修订离散突风载荷设计要求	1996-02-09
87	修正案 25-87	亚音速运输机高高度运行批准标准	1996-06-05
88	修正案 25-88	运输类飞机乘客应急出口的数量和形状	1996-11-08
89	修正案 25-89	运输类飞机座舱内允许的二氧化碳的浓度	1996-12-02
90	修正案 25-90	国内、挂旗、补充、通勤和按需营运的营运要求：编辑性和其他更改	1997-03-19
91	修正案 25-91	修订运输类飞机的结构载荷要求	1997-07-29
92	修正案 25-92	提高中止起飞和着陆性能的要求	1998-02-18
93	修正案 25-93	修订运输类飞机行李舱和座舱的标准	1998-02-17
94	修正案 25-94	运输类飞机，技术修订及其他纠正	1998-02-23
95	修正案 25-95	适航标准：雨水及冰雹的吸入标准	1998-03-26
96	修正案 25-96	结构疲劳评定	1998-03-31
97	修正案 25-97	滑行刹车情况	1998-05-27
98	修正案 25-98	对增升装置操纵器件档位要求的修订	1999-02-08
99	修正案 25-99	特别追溯要求	2001-11-14
100	修正案 25-100	适航标准：吸鸟	2000-09-14
101	修正案 25-101	运输类飞机动力装置安装的防火要求	2000-12-19
102	修正案 25-102	运输类飞机燃油箱系统设计评审：降低可燃性，以及对维修和检查的要求	2001-05-07
103	修正案 25-103	修订起落架减震试验要求	2001-5-16

（续表）

序号	修正案编号	修正案名称	颁布日期
104	修正案 25 - 104	修订运输类飞机液压系统适航标准使与欧洲适航标准一致	2001 - 05 - 16
105	修正案 25 - 105	修订关于运输类飞机的使用限制和飞机飞行手册内容的要求	2001 - 06 - 26
106	修正案 25 - 106	运输类飞机驾驶舱设计中的安全考虑	2002 - 01 - 15
107	修正案 25 - 107	修订刹车系统适航标准与欧洲运输类飞机适航标准的协调	2002 - 04 - 24
108	修正案 25 - 108	用 1 - g 失速速度作为满足 FAR25 部的基础	2003 - 01 - 15
109	修正案 25 - 109	运输类飞机空速指示系统的要求	2002 - 12 - 12
110	修正案 25 - 110	运输类飞机下层地板服务舱	2003 - 06 - 19
111	修正案 25 - 111	提高运输类飞机上使用的隔热/隔声材料的可燃性标准	2003 - 07 - 31
112	修正案 25 - 112	修订运输类飞机材料强度特性和设计值的要求	2003 - 08 - 05
113	修正案 25 - 113	运输类飞机电气设备和安装、蓄电池安装、电子设备和电气系统元件的防火	2004 - 03 - 16
114	修正案 25 - 114	运输类飞机舱门设计标准	2004 - 05 - 03
115	修正案 25 - 115	其他飞行要求;动力装置安装要求;公共播音系统;配平系统;保护性呼吸设备和动力装置控制	2004 - 07 - 02
116	修正案 25 - 116	座舱安全性其他更改	2004 - 10 - 27
117	修正案 25 - 117	为提高参与者安全性而对紧急撤离验证程序的修订	2004 - 11 - 17
118	修正案 25 - 118	注:该号码为空号	
119	修正案 25 - 119	飞行指引系统安全性标准	2006 - 04 - 11
120	修正案 25 - 120	多发飞机延程飞行(ETOPS)	2007 - 01 - 16
121	修正案 25 - 121	结冰环境下的飞机性能和操作质量	2007 - 10 - 09
122	修正案 25 - 122	航空器电子电气系统高能射频场(HIRF)防护	2007 - 08 - 06
123	修正案 25 - 123	飞机系统适航性增强大纲:燃油箱安全性(EAPAS/FTS)	2007 - 11 - 08
124	修正案 25 - 124	驾驶舱声音记录仪和数字飞行数据记录仪条例修订	2008 - 04 - 07
125	修正案 25 - 125	运输类飞机燃油箱易燃性降低	2008 - 09 - 19
126	修正案 25 - 126	适航标准:螺旋桨	2008 - 09 - 19
127	修正案 25 - 127	运输类飞机设计和运行中的安保考虑	2008 - 11 - 28
128	修正案 25 - 128	运输类飞机:各种技术修正和纠正	2009 - 05 - 29
129	修正案 25 - 129	防冰激活	2009 - 09 - 02
130	修正案 25 - 130	机动速度限制声明	2010 - 08 - 08
131	修正案 25 - 131	飞行机组警告	2011 - 01 - 03
132	修正案 25 - 132	老龄飞机大纲:广布疲劳损伤	2011 - 01 - 14

附表 1－3　FAR 33 部修正案清单

序号	修正案编号	修正案名称	颁布日期
1	修正案 33－01	某些重新编制的规章的有效日期和某种特殊规章的废除	1965－01－15
2	修正案 33－02	本章的其他修正案	1966－07－06
3	修正案 33－03	航空发动机和螺旋桨动力装置的设计要求	1967－03－04
4	修正案 33－04	火警探测和发动机功率响应	1971－03－24
5	修正案 33－05	发动机转子系统的不平衡	1974－01－15
6	修正案 33－06	航空器和航空发动机的合格审定程序和型号合格审定标准	1974－10－01
7	修正案 33－07	适航评审大纲第 3 号修正案:其他修订内容	1976－12－20
8	修正案 33－08	适航评审大纲第 4 号修正案:动力装置修正案	1977－03－17
9	修正案 33－09	适航评审大纲第 8A 号修正案:航空器、发动机、螺旋桨的适航性和程序性修正	1980－09－11
10	修正案 33－10	航空器发动机评审大纲:航空发动机和相关的动力装置的修正案	1984－02－23
11	修正案 33－11	适航标准:航空器发动机,涡轮螺旋桨发动机螺旋桨制动器	1986－03－25
12	修正案 33－12	旋翼航空器条例评审大纲第 3 号修正案	1988－09－02
13	修正案 33－13	运行和飞行总规则的修订	1989－08－18
14	修正案 33－14	涡轮发动机飞机的燃油通风和废气排放要求	1990－08－10
15	修正案 33－15	适航标准:航空发动机电气电子发动机控制系统	1993－05－18
16	修正案 33－16	当局引用语的修订	1995－12－28
17	修正案 33－17	适航标准:持续旋转和转子锁定试验、振动和振动试验	1996－06－04
18	修正案 33－18	适航标准:航空器发动机新的一台发动机不工作特性、定义和型号合格审定标准	1996－06－19
19	修正案 33－19	适航标准:雨水及冰雹的吸入标准	1998－03－26
20	修正案 33－20	适航标准:吸鸟	2000－09－14
21	修正案 33－21	多发飞机延程飞行(ETOPS)	2007－01－16
22	修正案 33－22	航空发动机寿命限制部件标准	2007－11－05
23	修正案 33－23	适航标准:发动机吸鸟	2007－10－17
24	修正案 33－24	安全性分析	2007－11－05
25	修正案 33－25	旋翼航空器涡轮发动机一发布工作(OEI)率型号合格审定标准	2008－10－17
26	修正案 33－26	发动机控制系统适航标准要求	2008－10－20
27	修正案 33－27	增压发动机静态零件适航标准	2008－11－24
28	修正案 33－28	航空发动机调整程序;航空发动机及相关动力装置安装	2008－12－23
29	修正案 33－29	航空发动机调整程序;航空发动机及相关动力装置安装	2009－09－28
30	修正案 33－30	适航标准:单发动机不工作(OEI)的新定义和型号审定标准	2009－11－02

附表 1－4　FAR 34 部修正案清单

序号	修正案编号	修正案名称	颁布日期
1	修正案 34－1	涡轮发动机飞机的燃油系统通风和废气排放的更正	1995－06－29
2	修正案 34－2	当局引用语的修订	1995－12－28
3	修正案 34－3	涡轮发动机飞机的排放标准	1999－02－03
4	修正案 34－4	涡轮发动机飞机排放标准	2009－06－29

附表 1－5　FAR 36 部修正案清单

序号	修正案编号	修正案名称	颁布日期
1	修正案 36－01	适航标准:航空器型号合格审定的噪声标准	1969－11－25
2	修正案 36－02	新生产的老型号飞机的噪声标准	1973－10－26
3	修正案 36－03	航空器型号和适航合格审定	1974－12－19
4	修正案 36－04	小型螺旋桨飞机的噪声标准	1975－01－06
5	修正案 36－05	适航标准:航空器型号和适航合格审定噪声标准	1967－08－19
6	修正案 36－06	小型螺旋桨飞机的噪声标准	1975－01－06
7	修正案 36－07	航空器型号和适航合格审定	1977－03－03
8	修正案 36－08	亚音速运输类大飞机和涡轮喷气飞机的噪声限制和声学更改的要求:最小信任的缩减高度更正	1978－09－28
9	修正案 36－09	航空器噪声测量和评估规范:受大气环境影响的侧边飞行路径噪声测量的 PNLT 修正公式	1979－01－15
10	修正案 36－10	民用超音速飞机:噪音和音爆的要求	1978－06－29
11	修正案 36－11	用于农业作业或救火的螺旋桨小飞机的运行限制和相关要求	1980－10－09
12	修正案 36－12	涡轮动力飞机和大螺旋桨驱动的飞机噪声水平:由环保部门提交给 FAA 的建议条例	1981－01－08
13	修正案 36－13	适航标准和营运规章:通勤类飞机	1983－11－15
14	修正案 36－14	正常类、运输类和限制类直升机的噪声标准最终规章	1988－02－05
15	修正案 36－15	航空器噪声合格审定标准	1988－05－06
16	修正案 36－16	小型螺旋桨飞机和通勤类螺旋桨飞机的噪声合格审定标准	1988－11－22
17	修正案 36－17	噪声标准:特定飞机和飞机型号的噪声增长限制	1989－08－14
18	修正案 36－18	运行和飞行总规则的修订	1989－08－18
19	修正案 36－19	初级类	1992－09－09
20	修正案 36－20	最大起飞重量不超过 6000 磅的初级类、正常类、运输类和限制类直升机的噪声合格审定的其他程序	1992－09－16
21	修正案 36－21	当局引用语的修订	1995－12－28
22	修正案 36－22	小型螺旋桨飞机的噪声标准	1999－10－13
23	修正案 36－23	废除过期的特殊联邦航空条例	2002－03－01
24	修正案 36－24	亚音速喷气式飞机和亚音速运输类大飞机的噪声合格审定标准	2002－07－08

（续表）

序号	修正案编号	修正案名称	颁布日期
25	修正案 36 - 25	直升机噪声合格审定规章	2004 - 06 - 02
26	修正案 36 - 26	第 4 阶段航空器噪声标准	2005 - 07 - 05
27	修正案 36 - 27	小型螺旋桨飞机噪声标准协调	2005 - 08 - 05
28	修正案 36 - 28	单发螺旋桨小型飞机噪声严格增长	2006 - 01 - 04

附录 2　FAA 现行有效的 TSO 清单

序号	TSO 编号	TSO 名称	日期
1	TSO‑C1d	Cargo Compartment Fire Detection Instruments 货舱火警探测仪	08/19/2004
2	TSO‑C2d	Airspeed Instruments 空速表	06/14/1989
3	TSO‑C3e	Turn And Slip Instrument 转弯侧滑仪	10/15/2007
4	TSO‑C4c	Bank And Pitch Instruments 倾斜俯仰仪（指示陀螺稳定型）（陀螺地平仪、姿态陀螺）	04/01/1959
5	TSO‑C5f	Direction Instrument，Non-Magnetic（Gyroscopically Stabilized） 非磁性航向仪（陀螺稳定型）	02/02/2007
6	TSO‑C6e	Direction Instrument，Magnetic（Gyroscopically Stabilized） 磁性航向仪（陀螺稳定型）	04/24/2008
7	TSO‑C7d	Direction Instrument，Magnetic Non-Stabilized Type（Magnetic Compass） 非稳定型磁性航向仪（磁罗盘）	06/14/1989
8	TSO‑C8e	Vertical Velocity Instruments（Rate-Of-Climb） 升降速度表（爬升率）	04/17/2007
9	TSO‑C9c	Automatic Pilots 自动驾驶仪	09/16/1960
10	TSO‑C10b	Altimeter，Pressure Actuated，Sensitive Type 压力致动敏感型高度表	09/01/1959
11	TSO‑C11e	Powerplant Fire Detection Instruments（Thermal And Flame Contact Types） 动力装置火警探测器（热敏式和火焰接触型）	10/17/1991
12	TSO‑C13f	Life Preservers 救生衣	09/24/1992
13	TSO‑C14b	Aircraft Fabric，Intermediate Grade 中级航空器蒙布	02/15/1990
14	TSO‑C15d	Aircraft Fabric，Grade AA AA 级航空器蒙布	02/26/1990
15	TSO‑C16a	Electrically Heated Pitot And Pitot-Static Tubes 空速管（电热式）	10/06/2006

（续表）

序号	TSO 编号	TSO 名称	日期
16	TSO - C19c	Portable Water Solution Type Hand Fire Extinguisher 手提式水溶液灭火器	02/26/2009
17	TSO - C20	Combustion Heaters 燃烧加热器	06/15/1949
18	TSO - C21b	Aircraft Turnbuckle Assemblies And/Or Turnbuckle Safetying Devices 航空器松紧螺套组件和（或）松紧螺套保险装置	03/16/1989
19	TSO - C22g	Safety Belts 安全带	03/05/1993
20	TSO - C23d	Personnel Parachute Assemblies 人用伞组件	06/01/1994
21	TSO - C25a	Aircraft Seats And Berths（Type Ⅰ Transport，6g Forward Load） 航空器座椅和卧铺（Ⅰ型运输类、向前过载 6g）	01/15/1957
22	TSO - C26d	Aircraft Wheels，Brakes And Wheel/Brake Assemblies For Parts 23，27 And 29 Aircraft 航空器机轮和机轮刹车组件（含补遗单Ⅰ）	10/14/2004
23	TSO - C27	Twin Seaplane Floats 水上飞机双浮筒	03/15/1952
24	TSO - C28	Aircraft Skis 航空器滑撬	03/15/1952
25	TSO - C30c	Aircraft Position Lights 航空器航行灯	05/12/1989
26	TSO - C31d	High Frequency（HF）Radio Communications Transmitting Equipment Operating Within The Radio 1.5 - 30 Megahertz 工作在 1.5～30 MHz 无线电频率范围内的高频（HF）无线电通信发射设备	04/30/1984
27	TSO - C34e	ILS Glide Slope Receiving Equipment Operating Within The Radio Frequency Range Of 328.6 - 335.4 Megahertz（MHz） 工作在 328.6～335.4 MHz 无线电频率范围内的仪表着陆系统（ILS）下滑接收设备	01/15/1988
28	TSO - C35d	Airborne Radio Marker Receiving Equipment 机载无线电信标接收设备	05/05/1971
29	TSO - C36e	Airborne ILS Localizer Receiving Equipment Operating Within The Radio Frequency Range Of 108 - 112 Megahertz（MHz） 工作在 108～112 MHz 无线电频率范围内的机载仪表着陆系统（ILS）航向信标接收设备	01/25/1988
30	TSO - C39c	9g Transport Airplane Seats Certified By Static Testing 航空器座椅合格审定 9g 的静态试验	02/13/2004

（续表）

序号	TSO 编号	TSO 名称	日期
31	TSO - C40c	VOR Receiving Equipment Operating Within The Radio Frequency Range Of 108 - 117. 95 Megahertz（MHz） 工作在 108～117. 95 MHz 无线电频率范围内的甚高频全向信标(VOR)接收设备	01/25/1988
32	TSO - C41d	Airborne Automatic Direction Finding（ADF）Equipment 机载自动定向(ADF)设备	05/06/1985
33	TSO - C42	Propeller Feathering Hose Assemblies 螺旋桨顺桨软管组件	03/01/1957
34	TSO - C43c	Temperature Instruments 温度表	05/30/1995
35	TSO - C44c	Fuel Flowmeters 燃油流量表	08/22/2006
36	TSO - C45b	Manifold Pressure Instruments 歧管压力指示仪	08/22/2006
37	TSO - C46a	Maximum Allowable Airspeed Indicator Systems 最大允许空速指示系统	04/23/1968
38	TSO - C47A	Fuel, Oil, And Hydraulic Pressure Instruments 压力表-燃油、滑油和液压	08/08/2006
39	TSO - C48a	Carbon Monoxide Detector Instruments 一氧化碳检测仪	05/06/2009
40	TSO - C49b	Electric Tachometer：Magnetic Drag（Indicator And Generator） 磁滞电动转速表(指示器和发电机)	05/30/1995
41	TSO - C52b	Flight Director Equipment 飞行指引仪	05/30/1995
42	TSO - C53a	Fuel And Engine Oil System Hose Assemblies 燃油和发动机滑油系统软管组件	02/16/1961
43	TSO - C54	Stall Warning Instruments 失速告警仪	10/15/1961
44	TSO - C55a	Fuel And Oil Quantity Instruments 燃油和滑油油量表(活塞式发动机航空器)	06/08/2007
45	TSO - C56b	Engine Driven Direct Current Generator / Starter Generators 发动机驱动的直流发电机和(或)起动发电机	06/01/2006
46	TSO - C59a	Airborne Selective Calling（Selcal）Equipment 机载选择呼叫设备	07/14/2005
47	TSO - C60b	Airborne Area Navigation Equipment Using Loran C Inputs 用罗兰- C 输入的机载区域导航设备	05/11/1988
48	TSO - C62e	Aircraft Tires 轮胎	09/29/2006
49	TSO - C63c	Airborne Weather And Ground Mapping Pulsed Radars 机载脉冲气象和地形雷达	08/18/1983

序号	TSO 编号	TSO 名称	日期
50	TSO - C64b	Passenger Oxygen Mask Assembly，Continuous Flow 旅客用连续供氧面罩	05/21/2008
51	TSO - C65a	Airborne Doppler Radar Ground Speed And/Or Drift Angle Measuring Equipment (For Air Carrier Aircraft) 机载多普勒雷达地速和（或）偏流角测定设备（用于航空承运人航空器）	08/18/1983
52	TSO - C66c	Distance Measuring Equipment (DME) Operating Within The Radio Frequency Range Of 960 - 1215 Megahertz 工作在无线电频率为 690～1215 MHz 范围内的距离测量设备（DME)	01/18/1991
53	TSO - C67	Airborne Radar Altimeter Equipment (For Air Carrier Aircraft) 机载雷达高度表（用于航空承运人航空器）	11/15/1960
54	TSO - C68a	Airborne Automatic Dead Reckoning Computer Equipment Utilizing Aircraft Heading And Doppler Ground 利用航空器航向和多普勒地速、偏流角数据的机载自动航位推算计算机设备（用于航空承运人航空器）	08/18/1983
55	TSO - C69c	Emergency Evacuation Slides，Ramps，Ramp/Slides，And Slide/Rafts 应急撤离滑梯、轻便梯、滑梯和轻便梯组合，以及滑梯和救生船组合	08/18/1999
56	TSO - C70a	Liferafts (Reversible And Nonreversible) 救生船（可翻转使用式和不可翻转使用式）	04/13/1984
57	TSO - C71	Airborne Static ("DC To DC") Electrical Power Converter (For Air Carrier Aircraft) 机载静态（直流-直流）电源变换器（用于航空承运人航空器）	06/15/1961
58	TSO - C72c	Individual Flotation Devices 个人漂浮装置	09/07/1990
59	TSO - C73	Static Electrical Power Inverter 静态电流变换器	12/18/1963
60	TSO - C74d	Air Traffic Control Radar Beacon System (Atcrbs) Airborne Equipment 机载空中交通管制（ATC）应答机设备	12/17/2008
61	TSO - C75	Hydraulic Hose Assemblies 液压软管组件	09/04/1963
62	TSO - C76a	Fuel Drain Valves 燃油排放阀	02/16/2007
63	TSO - C77b	Gas Turbine Auxiliary Power Units 燃气涡轮辅助动力装置（APU）	12/20/2000

（续表）

序号	TSO 编号	TSO 名称	日期
64	TSO – C78a	Crewmemeber Demand Oxygen Mask 机组人员肺式氧气面罩	05/27/2008
65	TSO – C79	Fire Detectors（Radiation Sensing Type） 火警探测器（辐射敏感型）	11/12/1963
66	TSO – C80	Flexible And Oil Cell Material 燃油和滑油的软油箱材料	05/26/1964
67	TSO – C85b	Survivor Locator Lights 救生定位灯	10/22/2007
68	TSO – C87	Airborne Low-Range Radio Altimeter 机载低空无线电高度表	02/01/1966
69	TSO – C88b	Automatic Pressure Altitude Reporting Code-Generating Equipment 压力高度自动报告码发生设备	02/06/2007
70	TSO – C89a	Crewmember Oxygen Regulators，Demand 肺式氧气调节器	04/08/2008
71	TSO – C90c	Cargo Pallets，Nets，And Containers 货盘、货网和集装箱	04/03/1992
72	TSO – C91a	Emergency Locator Transmitter（ELT）Equipment 应急定位发射机（ELT）设备	04/29/1985
73	TSO – C92c	Airborne Ground Proximity Warning Equipment 机载近地警告设备	03/19/1996
74	TSO – C93	Airborne Interim Standard Microwave Landing System Converter Equipment 机载标准微波着陆系统中间转换器设备	11/26/1976
75	TSO – C95a	Mach Meters 马赫表	08/31/2007
76	TSO – C96a	Anticollision Light Systems 防撞灯系统	04/07/1989
77	TSO – C97	Lithium Sulfur Dioxide Batteries 硫酸锂蓄电池	09/26/1979
78	TSO – C99a	Flight Deck（Sedentary）Crewmember Protective Breathing Equipment 呼吸保护设备	06/05/2008
79	TSO – C100b	Child Restraint System（CRS） 儿童约束系统（CRS）	07/16/2002
80	TSO – C101	Over Speed Warning Instruments 超速警告仪	02/19/1987
81	TSO – C102	Airborne Radar Approach And Beacon Systems For Helicopters 直升机用机载雷达进场和信标系统	04/02/1984

（续表）

序号	TSO 编号	TSO 名称	日期
82	TSO－C103	Continuous Flow Oxygen Mask Assembly（For Non-Transport Category Aircraft） 连续供氧面罩组件（用于非运输类航空器）	04/12/1984
83	TSO－C104	Microwave Landing System（MLS） Airborne Receiving Equipment 微波着陆系统（MLS）机载接收设备	06/22/1982
84	TSO－C105	Optional Display Equipment For Weather And Ground Mapping Radar Indicators 气象和地形雷达显示器辅助显示设备	06/13/1984
85	TSO－C106	Air Data Computer 大气数据计算机	01/15/1988
86	TSO－C109	Airborne Navigation Data Storage System 机载导航数据存储系统	12/09/1985
87	TSO－C110a	Airborne Passive Thunderstorm Detection Equipment 机载被动式雷雨探测设备	10/26/1988
88	TSO－C112c	Air Traffic Control Radar Beacon System/Mode Select（ATCBS/Mode S）Airborne Equipment 空中交通管制雷达信标系统和（或）模型选择机载设备（ATCRBS/Mode S）	12/18/2008
89	TSO－C113	Airborne Multipurpose Electronic Displays 机载多功能电子显示器	10/27/1986
90	TSO－C114	Torso Restraint Systems 人体躯干系紧系统	03/27/1987
91	TSO－C115b	Airborne Area Navigation Equipment Using Multi-Sensor Inputs 采用多传感器输入的机载区域导航设备	09/30/1994
92	TSO－C116a	Crewmember Portable Protective Breathing Equipment 机组乘员呼吸保护设备	07/30/2009
93	TSO－C117a	Airborne Windshear Warning And Escape Guidance Systems For Transport Airplanes 运输机机载风切变告警与逃离引导系统	08/01/1996
94	TSO－C118	Traffic Alert And Collision Avoidance System（TCAS）Airborne Equipment，Tcas Ⅰ TCAS Ⅰ型空中交通报警和防撞系统机载设备（TCAS Ⅰ）	08/05/1988
95	TSO－C119c	Traffic Alert And Collision Avoidance System（TCAS）Airborne Equipment，Tcas Ii With TCAS Ⅱ 型空中交通报警和防撞系统机载设备（TCAS Ⅱ）	04/14/2009
96	TSO－C121a	Underwater Locating Devices（Acoustic）（Self-Powered） 水下定位装置（音响）（自备电源）	07/21/2006
97	TSO－C122a	Equipment That Prevents Blocked Channels Used In Two-Way Radio Communications Due To Simultaneous 防止因同时发送造成双通道无线电通讯波道闭锁的装置	08/26/2005

(续表)

序号	TSO 编号	TSO 名称	日期
98	TSO - C123b	Cockpit Voice Recorder Equipment 驾驶舱话音记录仪系统	06/01/2006
99	TSO - C124b	Flight Data Recorder Systems 飞行数据记录仪系统	04/10/2007
100	TSO - C126a	406 MHz Emergency Locator Transmitter（ELT） 406 MHz 应急定位发射机（ELT）	12/17/2008
101	TSO - C127a	Rotorcraft，Transport Airplane，And Normal And Utility Airplane Seating Systems 旋翼航空器、运输类飞机和正常类和实用类飞机座椅系统	08/21/1998
102	TSO - C128a	Equipment That Prevents Blocked Channels Used In Two-Way Radio Communications Due To Unintentional 防止因无意发送造成双通道无线电通讯波道闭锁的装置	08/26/2005
103	TSO - C129a	Airborne Supplemental Navigation Equipment Using The Global Positioning System（GPS） 使用全球定位系统（GPS）的机载辅助导航设备	02/20/1996
104	TSO - C132	Geosynchronous Orbit Aeronautical Mobile Satellite Services Aircraft Earth Station Equipment 地球同步轨道宇航移动卫星服务-航空器内地球台设备	03/25/2004
105	TSO - C135a	Transport Airplane Wheels And Wheel And Brake Assemblies 运输类飞机机轮和机轮与刹车的装配	07/01/2009
106	TSO - C137a	Aircraft Portable Megaphones 航空器便携式扩音器	01/30/2008
107	TSO - C139	Aircraft Audio Systems And Equipment 航空器声音系统和设备	08/05/2005
108	TSO - C140	Aerospace Fuel，Engine Oil，And Hydraulic Fluid Hose Assemblies 航空航天燃料、发动机燃油和液压的流体软管装配	07/17/2002
109	TSO - C141	Aircraft Fluorescent Lighting Ballast/Fixture Equipment 航空器荧光照明系统镇流器和（或）固定装置	08/17/1999
110	TSO - C142a	Non-Rechargeable Lithium Cells And Batteries 锂电池	08/07/2006
111	TSO - C144a	Passive Airborne Global Navigation Satellite System（GNSS）Antenna 机载全球定位系统天线	03/30/2007
112	TSO - C145c	Airborne Navigation Sensors Using the Global Positioning System Augmented by the Satellite Based Augmentation System 用宽域加强系统（WAAS）加强的应用全球定位系统（GPS）的机载导航传感器	05/02/2008

(续表)

序号	TSO 编号	TSO 名称	日期
113	TSO‑C146c	Stand-Alone Airborne Navigation Equipment Using The Global Positioning System Augmented By The Satellite Based Augmentation System 用宽域加强系统(WAAS)加强的应用全球定位系统(GPS)的机载导航传感器	05/09/2008
114	TSO‑C147	Traffic Advisory System (TAS) Airborne Equipment 交通咨询系统(TAS)机载设备	04/16/1998
115	TSO‑C148	Aircraft Mechanical Fasteners 航空器机械紧固件	09/26/1997
116	TSO‑C149	Aircraft Bearings 航空器轴承	04/24/1998
117	TSO‑C150	Aircraft Seals 航空器密封件	04/24/1998
118	TSO‑C151b	Terrain Awareness And Warning System 地形探测和告警系统	12/17/2002
119	TSO‑C153	Integrated Modular Avionics Hardware Elements 集成模块的航空电子硬件元件	05/06/2002
120	TSO‑C154c	Universal Access Transceiver (UAT) Automatic Dependent Surveillance-Broadcast (ADS‑B) Equipment Operating on Frequency of 978 MHz 978 MHz 频率的 UAT 和 ADS‑B 设备	12/02/2009
121	TSO‑C155	Recorder Independent Power Supply 记录器的独立供电系统	02/03/2005
122	TSO‑C157	Aircraft Flight Information Services-Broadcast (FIS‑B) Data Link Systems And Equipment 航空器飞行信息广播服务数据链接系统和设备	09/20/2004
123	TSO‑C158	Aeronautical Mobile High Frequency Data Link (HFDL) Equipment 航空移动高频数据链接(HFDL)设备	08/19/2004
124	TSO‑C159	Avionics Supporting Next Generation Satellite Systems (NGSS) 支持下一代卫星系统的航空电子设备	09/20/2004
125	TSO‑C160	Vdl Mode 2 Communications Equipment Vdl 模式 2 型通信设备	01/11/2008
126	TSO‑C161a	Ground Based Augmentation System Positioning And Navigation Equipment 地基加强系统定位和导航设备	12/17/2009
127	TSO‑C162a	Ground Based Augmentation System Very High Frequency Data Broadcast Equipmen 地基加强系统甚高频数据广播设备	12/17/2009

（续表）

序号	TSO 编号	TSO 名称	日期
128	TSO - C163a	Vdl Mode 3 Communications Equipment Operating Within The Frequency Range 117. 975 - 137. 000 Megahertz 在 117. 975～137. 000 MHz 频率范围内 VDL 模式 3 运行的通信设备	08/31/2007
129	TSO - C164	Night Vision Goggles 夜视镜	09/30/2004
130	TSO - C165	Electronic Map Display Equipment For Graphical Depiction Of Aircraft Position 电子地图显示装置对航空器位置的图形描述	09/30/2003
131	TSO - C166b	Extended Squitter Automatic Dependent Surveillance-Broadcast（ADS - B）And Traffic Information 1 090 Megahertz（MHz） 1090 MHz 无线电频率上使用的扩展间歇振荡器自动跟踪监视广播系统	12/02/2009
132	TSO - C167	Personnel Carrying Device Systems（PCDS），Also Know As Human Harnesses 个人佩戴的系统（PCDS），又名人类马具	06/09/2004
133	TSO - C168	Aviation Visual Distress Signals 航空视觉危险信号	03/25/2004
134	TSO - C169a	VHF Radio Communications Transceiver Equipment Operating Within Radio Frequency Range 117. 975 To 137. 000 Megahertz 在 117. 975～137. 000 MHz 频率范围内运行的甚高频（VHF）广播通信收发设备	09/28/2007
135	TSO - C170	High Frequency （HF） Radio Communications Transceiver Equipment Operating Within the Radio Frequency Range 1. 5 to 30 Megahertz 在 117. 975～137. 000 MHz 频率范围内运行的高频（HF）广播通信收发设备	12/20/2004
136	TSO - C171	Aircraft Clamps 航空器夹具	05/02/2005
137	TSO - C173	Nickel-Cadmium And Lead-Acid Batteries 镍镉和铅酸电池	05/02/2005
138	TSO - C174	Battery Based Emergency Power Unit（BEPU） 基于电池的应急动力装置	07/25/2005
139	TSO - C175	Galley Cart，Containers And Associated Components 小推车、集装箱及相关部件	11/04/2005
140	TSO - C176	Aircraft Cockpit Image Recorder Systems 飞机驾驶舱图像记录仪系统	07/28/2006
141	TSO - C177	Data Link Recorder Systems 数据链记录仪系统	07/28/2006
142	TSO - C178	Single Phase 115 Vac，400 Hz Arc Fault Circuit Breakers 单项 115VAC400 Hz 电弧漏电电路断路器	03/03/2006

（续表）

序号	TSO 编号	TSO 名称	日期
143	TSO - C179	Rechargeable Lithium Cells And Lithium Batteries 可充电锂电池和锂电池组	08/22/2006
144	TSO - C190	Active Airborne Global Navigation Satellite System (GNSS) Antenna 主动式机载全球导航卫星系统天线	03/20/2007
145	TSO - C194	Helicopter Terrain Awareness And Warning System (HTAWS) 直升机地形告警系统(HTAWS)	12/17/2008
146	TSO - C196	Airborne Supplemental Navigation Sensors For Global Positioning System Equipment Using 用于全球定位系统(GPS)的机载辅助导航传感器	09/21/2009

附录3 FAA 特殊联邦航空条例(SFAR)清单

序号	条例编号	条例名称	颁布日期
1	SFAR No. 27 - 5	涡轮发动机燃油排泄和排气污染要求	1989 - 09 - 25
2	SFAR No. 36 - 7	大修资料的建立	2004 - 01 - 31
3	SFAR No. 50 - 2	在大峡谷国家公园周围区域的特殊飞行规则	2007 - 03 - 06
4	SFAR No. 58	高级资格教学大纲	1995 - 09 - 27
5	SFAR No. 71	对夏威夷境内的特殊运行规则	1996 - 01 - 19
6	SFAR No. 73 - 2	Robinson R - 22/R - 44 特别训练要求	2008 - 03 - 31
7	SFAR No. 77	伊拉克境内的禁飞限制以及在伊拉克境内飞行的审批流程	2004 - 04 - 20
8	SFAR No. 82	苏丹境内的禁飞限制	1998 - 08 - 21
9	SFAR No. 84	塞尔维亚和黑山地区的禁飞限制	1999 - 03 - 25
10	SFAR No. 86	关于对新墨西哥州部分航空热气球的空域和运行限制	2000 - 10 - 07
11	SFAR No. 88	满油箱故障容错评估要求	2002 - 12 - 09
12	SFAR No. 92 - 5	驾驶舱入口和门的设计	2003 - 04 - 09
13	SFAR No. 97	用GPS 在阿拉斯加地区实现 RNAV 的具体飞行规则	2003 - 03 - 13
14	SFAR No. 98	建设和改造美国总统私人寓所附近的区域	2003 - 04 - 22
15	SFAR No. 103	关于对 FAA 专家强制性离职年龄的豁免审批流程	2005 - 01 - 07
16	SFAR No. 104	对部分叙利亚航空承运商的禁飞限制	2004 - 06 - 04
17	SFAR No. 106	关于对飞机上便携式氧气压缩装置的使用	2010 - 01 - 06
18	SFAR No. 107	索马里地区的禁飞限制	2007 - 03 - 30
19	SFAR No. 108	三菱 MU - 2B 系列的飞机特殊训练、运行要求	2008 - 04 - 07
20	SFAR No. 109	对私人运输类飞机的特殊要求	2009 - 06 - 08

索引 1　机构名称

索引 2 术 语

大飞机出版工程
书　目

一期书目（已出版）

《超声速飞机空气动力学和飞行力学》（俄译中）

《大型客机计算流体力学应用与发展》

《民用飞机总体设计》

《飞机飞行手册》（英译中）

《运输类飞机的空气动力设计》（英译中）

《雅克-42M 和雅克-242 飞机草图设计》（俄译中）

《飞机气动弹性力学及载荷导论》（英译中）

《飞机推进》（英译中）

《飞机燃油系统》（英译中）

《全球航空业》（英译中）

《航空发展的历程与真相》（英译中）

二期书目（已出版）

《大型客机设计制造与使用经济性研究》

《飞机电气和电子系统——原理、维护和使用》（英译中）

《民用飞机航空电子系统》

《非线性有限元及其在飞机结构设计中的应用》

《民用飞机复合材料结构设计与验证》

《飞机复合材料结构设计与分析》（英译中）

《飞机复合材料结构强度分析》

《复合材料飞机结构强度设计与验证概论》

《复合材料连接》

《飞机结构设计与强度计算》

《飞机材料与结构的疲劳与断裂》（英文版）

三期书目

《适航理念与原则》

《适航:航空器合格审定导论》（译著）

《民用飞机系统安全性设计与评估技术概论》

《民用航空器噪声合格审定概论》

《机载软件研制流程最佳实践》

《民用飞机金属结构耐久性与损伤容限设计》

《机载软件适航标准 RTCA DO‑178B/C 研究》

《运输类飞机合格审定飞行试验指南》(编译)

《民用飞机复合材料结构适航验证概论》

《民用运输类飞机人为因素设计原则》

四期书目

《航空燃气涡轮发动机工作原理及性能》

《航空发动机结构》

《航空发动机结构强度设计》

《风扇压气机气动弹性力学》(英文版)

《燃气轮机涡轮内部复杂流动机理及设计技术》

《先进燃气轮机燃烧室设计研发》

《燃气涡轮发动机的传热和空气系统》

《航空发动机适航性设计技术导论》

《航空发动机控制》

《气动声学基础及其在航空推进系统中的应用》(英文版)

《叶轮机内部流动试验和测量技术》

《航空涡轮风扇发动机试验技术与方法》

《航空轴流风扇压气机气动设计》

《燃气涡轮发动机性能》(译著)

其他书目

《民用飞机环境监视系统》

《民用飞机飞行管理系统》

《飞机内部舒适性设计》(译著)

《航空航天导论》

《航空计算工程》

《涡动力学》(英文版)

《尾涡流控制》(英文版)

《动态系统可靠性分析在航空中的应用》(英文版)

《国际航空法导论》(译著)